甘肃省天水市

地质灾害风险图集

ATLAS OF GEOLOGICAL HAZARD RISK OF TIANSHUI CITY, GANSU PROVINCE

王 涛 刘甲美 辛 鹏 孙 萍 等编制

科学出版社
·北京·

审图号：甘S（2023）6205004号

图书在版编目（CIP）数据

甘肃省天水市地质灾害风险图集/王涛等编制. --北京 ：科学出版社，2023.11

ISBN 978-7-03-077093-6

Ⅰ. ①甘… Ⅱ. ①王… Ⅲ. ①地质灾害－风险管理－天水－地图集 Ⅳ. ①P694-64

中国版本图书馆CIP数据核字(2023)第219569号

责任编辑：韦　沁／责任校对：何艳萍
责任印制：肖　兴／封面设计：解韩冰

科学出版社 出版
北京东黄城根北街16号
邮政编码：100717
http://www.sciencep.com

中煤地西安地图制印有限公司印制
科学出版社发行　各地新华书店经销

*

2023年11月第　一　版　开本：889×1194　1/8
2023年11月第一次印刷　印张：11 1/2
字数：279 000
定价：398.00元

（本图集中国国界线系按照中国地图出版社1989年出版的1：4 000 000《中华人民共和国地形图》绘制）

《甘肃省天水市地质灾害风险图集》

主要编制单位

中国地质科学院地质力学研究所

天水市自然资源局

甘肃省地质调查院

甘肃省地质环境监测院

甘肃省地质矿产勘查开发局第三地质矿产勘查院

中国地震局兰州地震研究所

兰州大学

中国煤炭地质总局勘查研究总院

指导委员会

张开军　邢树文　彭建兵　孙　钰　张作辰　曹佳文　郭　涛　吴树仁
高孟潭　梁金祥　张永双　石菊松　张茂省　谭成轩　范　文　王家鼎
黎志恒　赵　成　张春山　杨为民

编制工作组

王　涛　刘甲美　辛　鹏　孙　萍　梁昌玉　张泽林　张　帅　王浩杰
郭长宝　姚　鑫　王爱国　张帆宇　林　燕　石　玲　李爱军　李瑞冬
李琦峰　栗泽桐　车福东　赵建磊　胡　乐　王喜乐　黄　森　黄健航

地图工艺

张理学　张　军　植忠红

地图制图

陈翠萍　严壬悦　高宝利　张雪妮　刘洪涛

前 言

天水市位于甘肃省东南部，是甘肃省第二大城市，在丝绸之路经济带建设中具有承东启西、连接南北的战略支撑作用。天水市地处青藏高原东北缘、黄土高原与西秦岭过渡地区，属于中国南北地震构造带中段与中央造山带复合的关键构造部位。辖区内灾害地质条件复杂，在强震和极端降雨作用下，辖区内地质灾害高发，其国土面积仅占全省总面积的3.3%，但其地质灾害高易发区面积占全省高易发区总面积的14.5%，是甘肃省地质灾害重点高易发地区之一。734年天水7级地震、1718年通渭7.5级地震、1654年天水8级地震等历史强震诱发了郑家磨滑坡、磐安镇滑坡、雒堡村滑坡等巨型滑坡；强降雨及人类工程活动诱发了锻压机床厂滑坡、“7·25”群发地质灾害，造成了重大人员伤亡和财产损失。为深入贯彻以人民为中心的发展思想，全面落实第一次全国自然灾害综合风险普查、自然资源部地质灾害防治三年行动实施纲要和地质灾害风险调查评价等工作要求，在中国地质调查局统一部署和指导下，中国地质科学院地质力学研究所会同有关单位，紧扣天水市地质灾害防治管理需求，依托2015~2021年实施的十多项地质调查和科技平台项目，开展了较为系统的地质灾害调查、工程地质勘查、分析测试、机理研究与评估分区等工作，取得了丰富的资料和成果。综合以往数据资料，坚持“权威性、系统性、规范性、科学性、实用性”原则，研究编制了《甘肃省天水市地质灾害风险图集》，全面地反映了天水市地质灾害的孕育条件、发育规律，灾害发生的时空概率，主要承灾体的分布，不同情景的灾害风险及其规划管控措施等内容。

本图集包括与地质灾害有关的自然地理、孕灾条件、发育规律、承灾体、风险评估等五个部分，共37张图件。主要内容包括：自然地理方面涵盖了天水市行政区划、战略位置、遥感影像、地势及地貌等基础内容；孕灾条件包括天水市主要断裂及地震震中分布、地质、植被指数、降水量、地形起伏度、坡度等与地质灾害发育密切相关的主要孕灾要素；发育规律方面系统分析了天水市地质灾害总体分布情况，总结了秦州区、麦积区两区，以及甘谷县、秦安县、清水县、武山县、张家川回族自治县五县的地质灾害分布特征和发育规律，揭示了崩塌、滑坡、泥石流等不同类型地质灾害的空间分布特征，剖析了天水北坡典型地震滑坡区带孕灾背景以及“7·25”群发性地质灾害的分布情况；承灾体部分分析了天水市土地利用现状、社会生产生活POI兴趣点、天水市人口及GDP分布；地质灾害风险评估部分完成了天水市地质灾害易发程度评估、地震和降水诱发地质灾害危险性专题评估，进而产出了天水市地质灾害危险性综合分区，并针对天水市道路交通和建筑物两类重要承灾体进行了地质灾害风险评估，综合考虑各类工程地质指标对工程建设制约的强弱差异及其处置措施的难易程度，完成了天水市工程建设适宜性分区评价。本图集成果可为天水市及所辖区县地质灾害防治提供重要基础资料，为建立科学高效的地质灾害防治技术体系提供支撑，为优化城镇开发边界和国土空间安全格局提供参考。

本图集由中国地质调查局水环部指导，中国地质科学院地质力学研究所牵头，联合天水市自然资源局、甘肃省地质调查院、甘肃省地质环境监测院、甘肃省地质矿产勘查开发局第三地质矿产勘查院、中国地震局兰州地震研究所、兰州大学、中国煤炭地质总局勘查研究总院等单位共同编制，有关部门和机构提供了数据资料。

本图集编制过程中，得到了中国地质大学（北京）文宝萍教授、中国科学院地质与地球物理研究所祁生文研究员、中国地震应急搜救中心杨怀宁研究员、应急管理部国家减灾中心郭桂祯研究员等专家的帮助和指导，在此表示衷心的感谢！图集编制涉及业务要素多，技术资料时序长，难免存在疏漏之处，敬请批评指正。

编　者

2023年8月

目 录

图 例

底图图例

- 地级行政中心
- 县(市、区)级行政中心
- 乡、镇、街道
- 村
- 山峰
- 水库、河流
- 省级界
- 地级界
- 县级界

专题图例

- 上三叠统
- 上二叠统
- 上新统
- 上更新统冲积物
- 上更新统坡积物
- 上更新统黄土
- 上泥盆统
- 上泥盆统—下石炭统
- 上泥盆统九里坪组a段
- 上泥盆统九里坪组b段
- 上泥盆统九里坪组c段
- 上泥盆统九里坪组d段
- 上泥盆统九里坪组e段
- 上泥盆统九里坪组f段
- 上泥盆统九里坪组g段
- 下二叠统
- 下白垩统三桥组
- 下白垩统和尚铺组
- 下白垩统马东山组
- 下石炭统
- 下震旦统
- 中—上更新统黄土
- 中—上石炭统
- 中三叠统
- 中新统
- 中泥盆统
- 中泥盆统舒家贝组
- 中泥盆统西汉水组
- 中石炭统
- 侏罗系
- 全新统
- 前震旦系
- 加里东期角闪石岩
- 加里东期闪长岩
- 古元古界秦岭群
- 古元古界陇山群
- 古近系
- 古近系小河子组上段
- 古近系小河子组下段
- 喜马拉雅期正长花岗岩
- 喜马拉雅期正长花岗斑岩
- 寒武系葫芦河群
- 海西中期石英二长岩
- 海西中期石英闪长岩
- 海西中期花岗岩
- 海西早期石英闪长岩
- 海西早期花岗岩
- 海西早期闪长岩
- 海西晚期花岗岩
- 海西晚期闪长岩
- 海西期未分基性岩
- 海西期未分超基性岩
- 海西期正长岩脉
- 海西期正长斑岩脉
- 海西期煌斑岩脉
- 海西期花岗斑岩
- 海西期辉长岩
- 海西期辉长岩脉
- 燕山期正长岩脉
- 燕山期花岗岩
- 燕山期花岗斑岩
- 燕山期闪长岩
- 燕山期闪长岩脉
- 石英斑岩脉
- 石英脉
- 石英闪长岩脉
- 花岗伟晶岩脉
- 花岗岩脉
- 花岗斑岩脉
- 花岗细晶岩脉
- 花岗闪长岩脉
- 辉绿岩脉
- 闪长玢岩脉

1 自然地理

天水市地图

0 4.5 9.0 13.5 18.0 km

天水市位于甘肃省东南部，总人口约372万人，是甘肃省人口第二大城市。地处秦岭西段、渭河流域中游。现辖秦州区、麦积区两区和武山县、甘谷县、秦安县、清水县、张家川回族自治县五县，总面积约1.44万km^2，其中以麦积区面积最大，为3452km^2，约占天水总面积的24.0%；秦州区次之，面积为2442km^2，约占天水总面积的17.0%。其余各县面积及其占比依次为武山县2011km^2，面积占比约14.0%；清水县2003km^2，面积占比约13.9%；秦安县1601km^2，面积占比约11.1%；甘谷县1572km^2，面积占比约10.9%；张家川回族自治县1311km^2，面积占比约9.1%。市域内陆运网络四通八达，境内有陇海铁路、宝鸡至兰州客运专线、天水至平凉铁路、G30连霍高速公路、十堰至天水高速公路、天平高速公路，以及国道310、国道316。

天水市横跨长江、黄河两大流域，以西秦岭为分水岭，北部地区为黄河水系的渭河流域，面积为11601km^2，占全市总面积的81.3%，渭河为主干流，境内全长271km，占渭河总长度818km的33.13%，其支流较为发育，主要包括散渡河、葫芦河、牛头河、榜沙河、大南河和耤河；南部地区为长江水系的嘉陵江流域，面积为2676km^2，占全市总面积的18.7%，发育西汉水、白家河、红崖河等主要支流。

天水市在甘肃省的位置

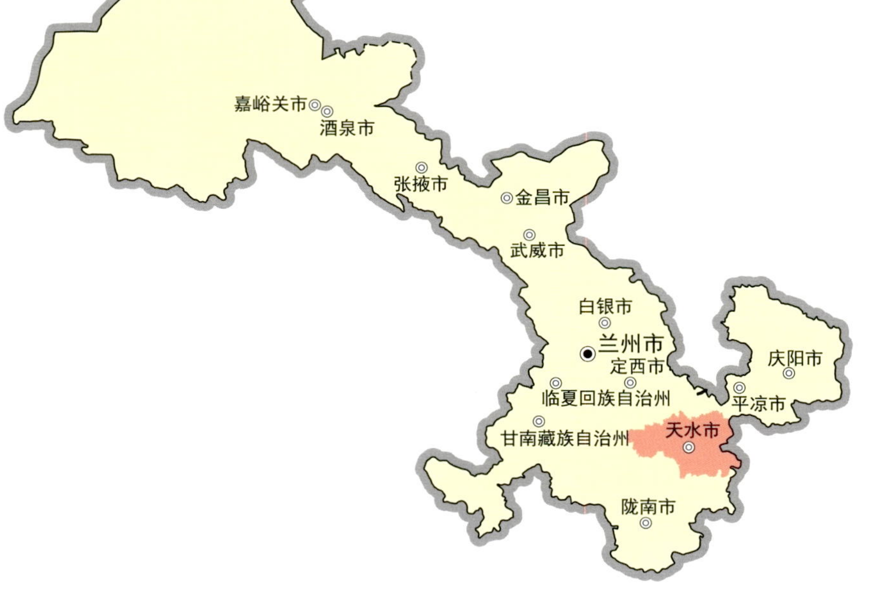

天水市各区县面积（km^2）及占比

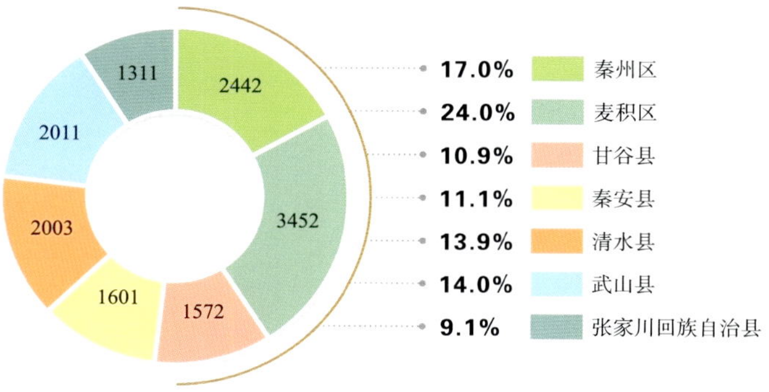

天水市战略位置组图

天水市地处丝绸之路经济带新亚欧大陆桥中心，处于承东启西、连接南北的战略要地，在国家区域发展战略中具有重要地位。天水市属于“两屏三带”生态安全战略格局中“川滇–黄土高原生态屏障”带，是集农业生态、水源涵养、土壤保持一体的重要的生态功能区，未来也将在黄河流域生态保护和高质量发展战略中迎来新的发展机遇。天水市位于关中–天水经济区西翼，是关中平原城市群次核心城市、丝绸之路经济带重要节点城市，全市主体功能规划区分为三类：秦州区和麦积区为国家级重点开发区域，面积为 5894 km^2，占天水市国土面积比为 41.0%；武山、甘谷、秦安、清水四县为限制开发区域的省级农产品主产区，总面积为 7187 km^2，面积占比为 49.9%；张家川回族自治县为限制开发区域的国家级重点生态功能区，总面积为 1311 km^2，面积占比为 9.1%。同时，天水市是曾经六盘山集中连片特困地区的重要组成部分，在夺取脱贫攻坚战全面胜利之后，也继续肩负起巩固脱贫攻坚成果和全面推进乡村振兴战略的重任。

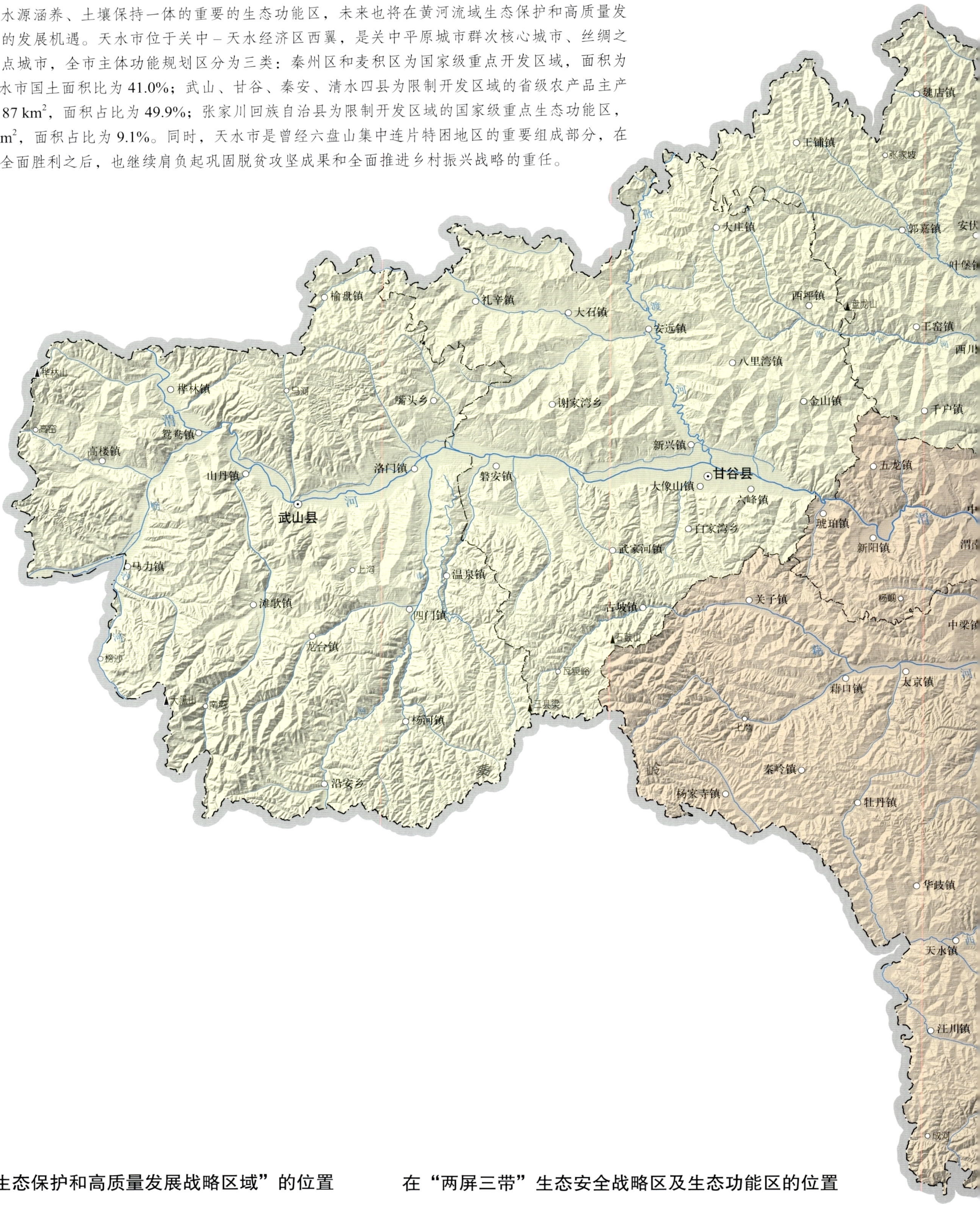

在“黄河流域生态保护和高质量发展战略区域”的位置

在“两屏三带”生态安全战略区及生态功能区的位置

天水市主体功能规划区面积(km^2)及占比

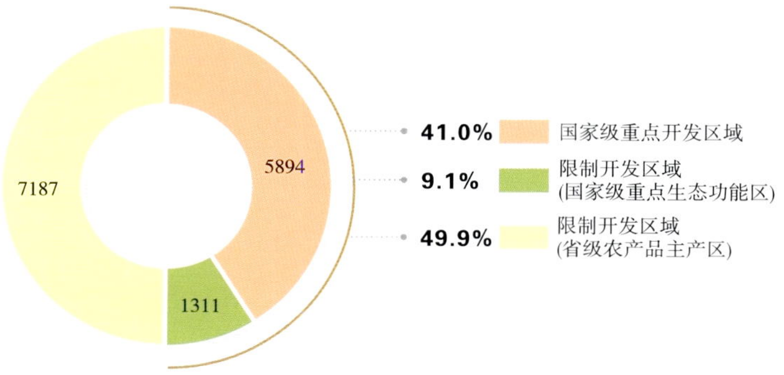

国家级重点开发区域
限制开发区域(国家级重点生态功能区)
限制开发区域(省级农产品主产区)

天水市遥感影像图

0 4.5 9.0 13.5 18.0 km

天水市卫星影像图采用2018年地球资源卫星陆地卫星7号（Landsat-7）增强型专题制图仪ETM+拍摄的正射影像，空间分辨率为3 m。一般绿色指示植被覆盖率高，而灰褐色指示植被覆盖率低。通过色调、纹理等信息，可以较为清晰地辨别城镇、道路、水系、水库、农田、植被等地物和地貌信息。整体上，天水市以南部西秦岭山区和东北部关山一带植被覆盖率较高，为基岩山区森林植被区和浅山沟壑植被区；中部和北部黄土墚峁区植被覆盖率相对较低，属黄土墚峁沟壑植被区与河谷川地植被区。

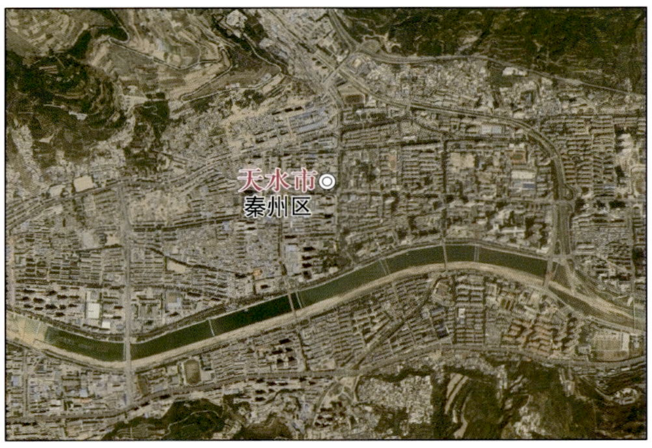

张家川回族自治县
清水县
天水市
秦州区
麦积区
张棉驿乡
连五乡
川王镇
梁山镇
马关镇
刘堡镇
龙山镇
木河乡
张家川镇
平安乡
恭门镇
胡川镇
阎家乡
马鹿镇
白驼镇
黄门镇
新城乡
永清镇
红堡镇
白沙镇
秦亭镇
山门镇
贾川乡
草川铺镇
丰望乡
陇东镇
金集镇
郭川镇
王尹镇
远门镇
土门镇
兴丰镇
中山镇
陇城镇
大阳镇
五营镇
莲花镇
道北街道办
桥南街道办
社棠镇
花牛镇
马跑泉镇
元龙镇
伯阳镇
三岔镇
甘泉镇
东岔镇
党川镇
利桥镇
麦积镇
娘娘坝镇
齐寿镇
皂郊镇
石佛镇
刘坪镇
大山梁
秦
岭
渭
河
城镇
黄土区
道路
农田
水系
植被
水库

天水市地势图

0 4.5 9.0 13.5 18.0 km

天水市地势总体东南高、西北低，高程在 700~3120 m，市区平均高程为 1100 m。最高峰位于天爷梁，高程为 3120 m；最低点位于牛背村，高程为 760 m。东北部六盘山－陇山呈北北西向分隔陇东及陇西黄土高原；中南部横亘东西的秦岭山地为黄河、长江流域的分水岭。天水市地势整体可分为四级地形阶梯：一级阶梯为高山区，整体高程在 1960 m 以上，分布在南部西秦岭和东北部关山的局部山峰区，总面积约 2447 km^2，面积占比约 17.0%；二级阶梯为中高山区，高程在 1600~1960 m，主要分布于西秦岭和关山的大部分主体山区，总面积约 7340 km^2，面积占比约 51.0%；三级阶梯为黄土墚峁区，高程在 1300~1600 m，广泛分布于天水市中部及北部地区，主要位于渭河上游及其支流两岸地区，总面积约 3598 km^2，面积占比约 25.0%；四级阶梯为河谷地区，整体高程在 1300 m 以下，主要是天水市区及各县城和乡镇所在渭河及其支流的河谷地区，总面积约 1007 km^2，面积占比约 7.0%。

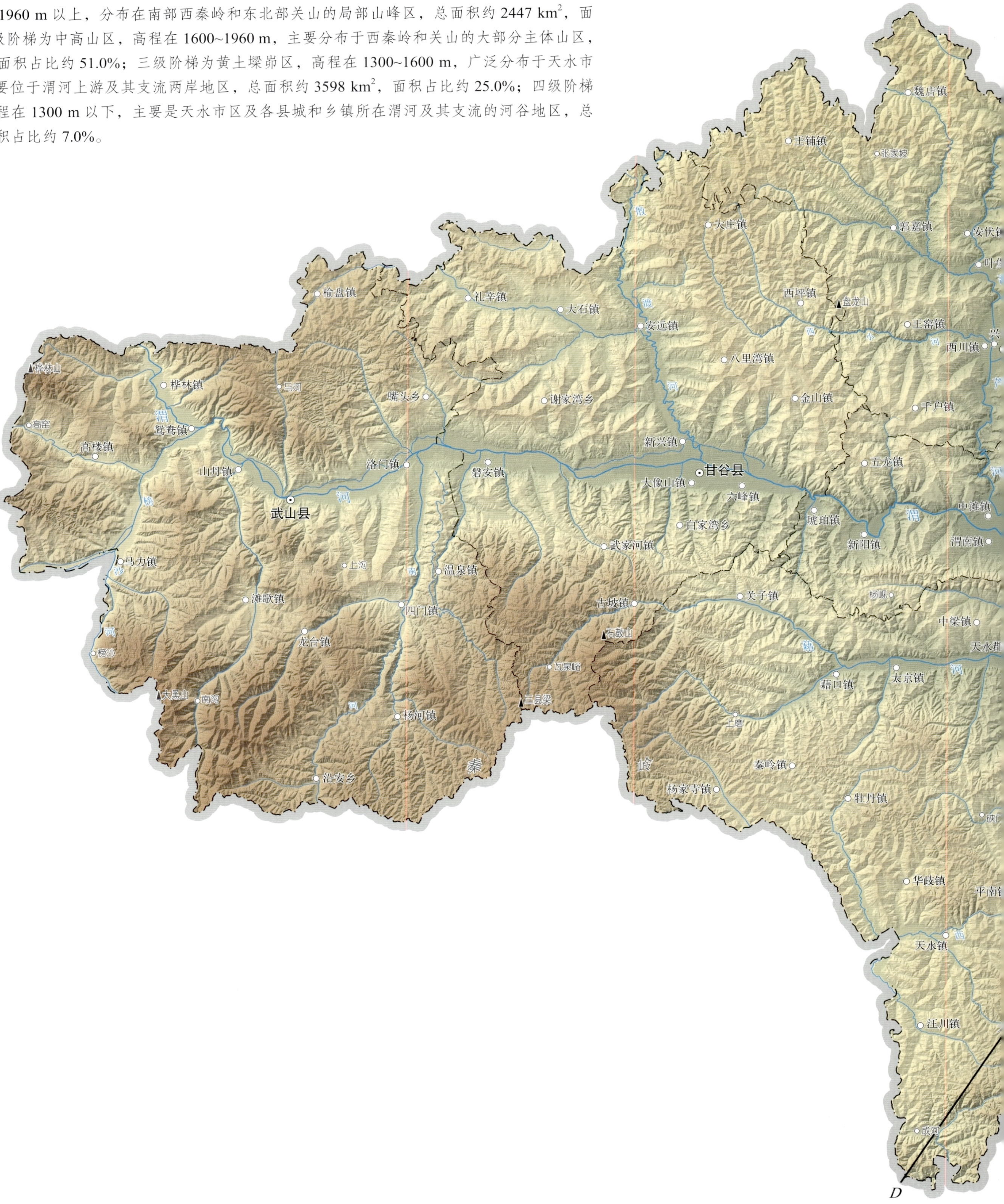

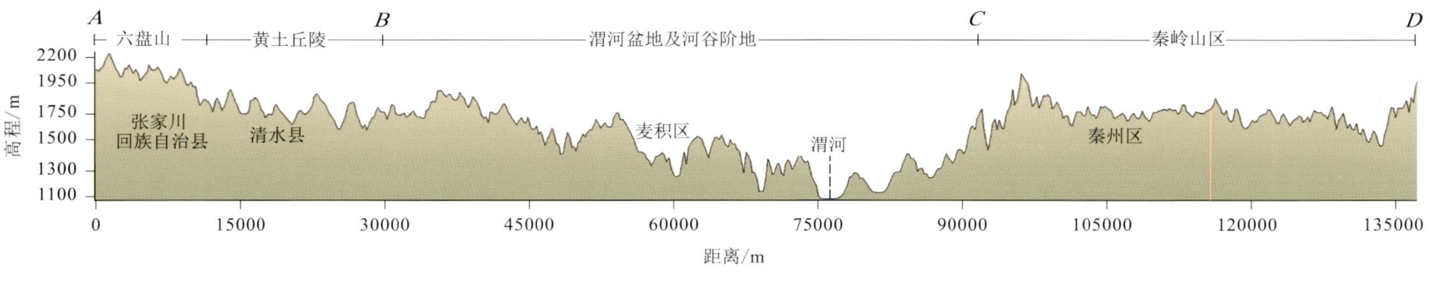

各阶梯面积(km²)及占比

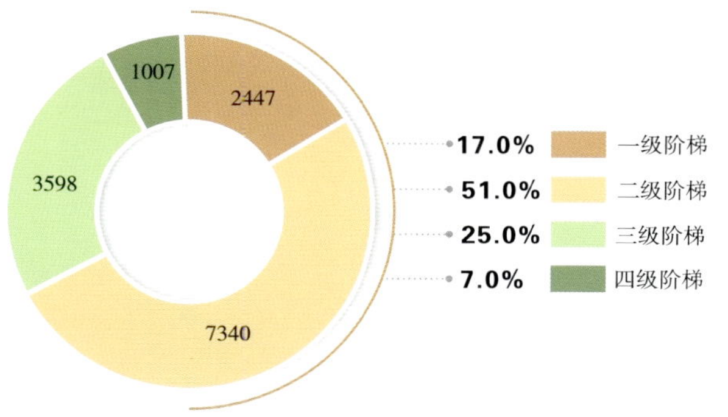

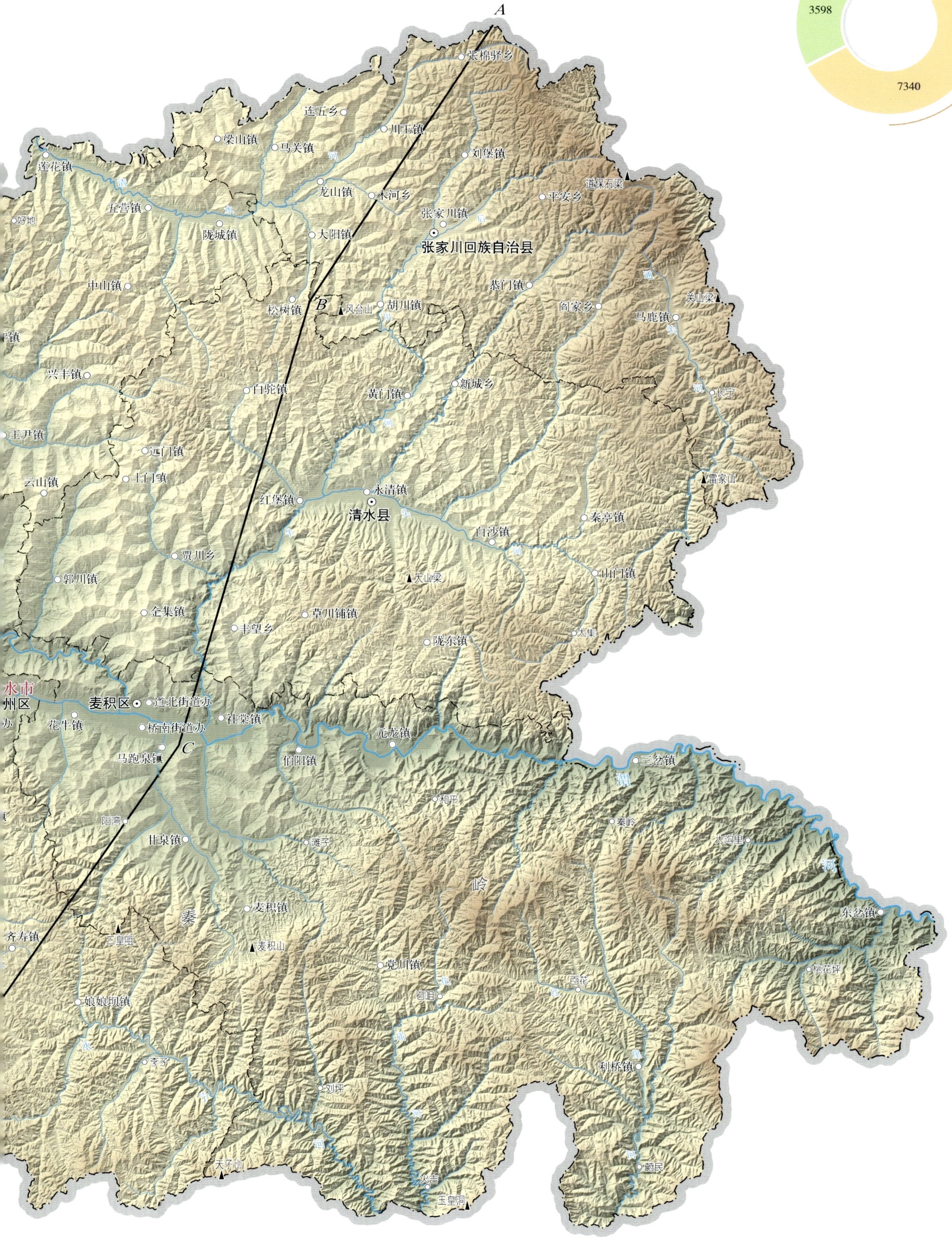

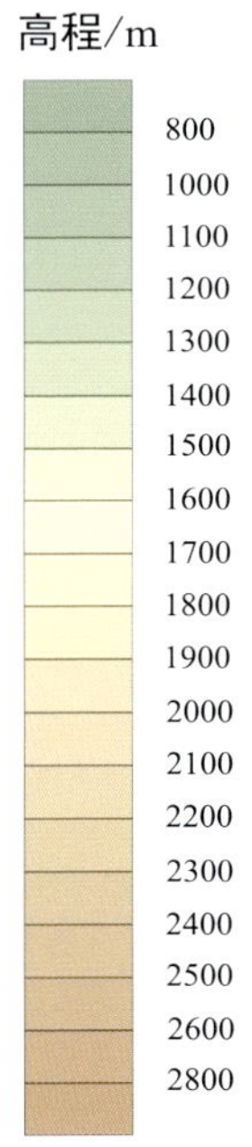

天水市地貌图

天水市承袭地质历史长期发展的古地貌格局，同时受到流水的侵蚀作用等影响。南部和东部因古老地层褶皱隆起，形成山地地貌；北部广大地区因受盆地控制和红、黄土层沉积，形成黄土墚峁地貌；中部局部地区因受纬向构造带的断裂控制，形成渭河地堑，经第四纪河流发育和侵蚀堆积，形成渭河河谷地貌。参照《中国陆地基本地貌类型及其划分指标探讨》的地貌类型划分方法，利用天水地形数据，将天水市地貌划分为九种类型，具体包括侵蚀堆积河谷、低海拔台地、中海拔台地、低海拔低丘、中海拔低丘、低海拔高丘、中海拔高丘、低海拔低山以及中海拔低山。其中，以中海拔低丘和中海拔高丘地貌类型为主，总面积约 1.08 万 km^2，约占天水市总面积的 75.0%；其次为低海拔低丘和低海拔高丘，总面积约 2134 km^2，约占天水市总面积的 14.8%；其余地貌类型占比约 10.2%。低海拔低山及中海拔低山主要分布在麦积区和武山县，其余地貌类型在各区县均有分布。张家川回族自治县地貌类型较为单一，91.9% 左右的区域均为中海拔高丘和中海拔低丘。

各区县不同地貌类型面积

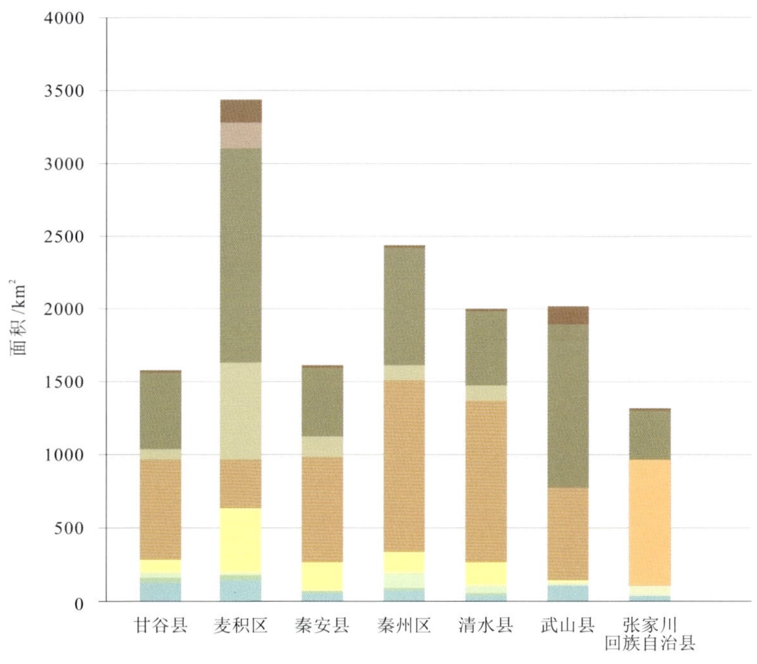

地貌类型	面积/km^2						
	甘谷县	麦积区	秦安县	秦州区	清水县	武山县	张家川回族自治县
中海拔低山	3	174	1	19	14	119	3
低海拔低山	2	167	3	—	10	—	—
中海拔高丘	534	1472	476	802	506	1118	340
低海拔高丘	68	677	133	103	97	1	—
中海拔低丘	677	328	726	1182	1109	633	864
低海拔低丘	92	448	182	149	169	14	—
中海拔台地	41	12	12	101	50	22	68
低海拔台地	26	36	18	11	18	7	—
侵蚀堆积河谷	130	137	49	74	30	99	35

地貌类型划分指标

类型	海拔/m	相对高度/m	坡度/(°)
侵蚀堆积河谷	＜30	＜20	＜10
低海拔台地	30～50	20～50	10～15
中海拔台地	50～70	20～50	10～15
低海拔低丘	70～120	50～250	15～20
中海拔低丘	120～200	50～250	15～20
低海拔高丘	200～400	250～450	20～30
中海拔高丘	400～500	250～450	20～30
低海拔低山	800～2000	450～650	＞30
中海拔低山	2000～3200	450～650	＞30

- 侵蚀堆积河谷
- 低海拔台地
- 中海拔台地
- 低海拔低丘
- 中海拔低丘
- 低海拔高丘
- 中海拔高丘
- 低海拔低山
- 中海拔低山

2 孕灾条件

天水市主要断裂及地震震中分布图

0 4.5 9.0 13.5 18.0 km

天水市地处青藏高原东北缘，大地构造位置处于古亚洲构造域、特提斯构造域和滨太平洋构造域交汇地段，属于中国南北地震构造带中段与中央造山带复合的关键构造部位。根据最新的活动断裂调查成果，天水市发育的主要断裂有 20 余条，其中全新世活动断裂九条，晚更新世活动断裂三条，早—中更新世断裂九条。西秦岭北缘断裂和礼县–罗家堡断裂活动速率较快，其中，西秦岭北缘断裂武山段水平活动速率为 v_H=1.9±0.3 mm/a，垂直活动速率为 v_v=0.32 mm/a，两条断裂的活动触发了系列历史强震。根据史料记载，天水市历史地震多发，其中 5.0 级以上地震有 14 次，包括 128 年甘谷 6.5 级地震、143 年甘谷西 7.5 级地震、600 年秦陇 7.0 级地震、734 年天水 7.0 级地震、1765 年武山–甘谷 6.5 级地震等，这些地震均与西秦岭北缘断裂带活动有关。1965 年以来，近代仪器记录的中小地震较为密集，截至 2019 年 3 月 31 日共记录到地震 1000 次，其中 $M_L \geqslant 5.0$ 级地震 1 次，$5.0 > M_L \geqslant 4.0$ 级地震 6 次，$4.0 > M_L \geqslant 3.0$ 级地震 53 次，$3.0 > M_L \geqslant 2.0$ 级地震 470 次，$M_L < 2.0$ 级地震 470 次。礼县–罗家堡断裂活动触发了 1654 年天水南 8.0 级地震。

活动断裂通常与地震活动紧密相关，对重大地震地质灾害具有明显控制作用，所导致的地表同震破裂及错动对地面建（构）筑物具有直接影响。参考国家标准《活动断层避让》（征求意见稿）中有关活动断裂避让距离的规定，建议天水市主要活动断裂在地形平坦条件下一般建（构）筑物最小避让距离为 8~49 m。

地形平坦条件下一般建（构）筑物活动断裂避让距离

断裂基本信息		活动时代	地基深度 (H_b)/m	建议避让距离/m	
				上盘	下盘
F_1	漳县断裂，N60°～70° W/NE ∠85°±，左旋走滑兼正断层	全新世	$H_b \leqslant 3$	16	15
F_2	武山–甘谷断裂，N70°～80° W/NE ∠85°±，左旋走滑		$3 < H_b \leqslant 9$	17	
F_4	天水–宝鸡断裂，N80° W/SW ∠80°±，左旋走滑兼正断层				
F_5	四门断裂，N45° W/SW ∠80°±，逆冲兼左旋				
F_7	年集寨–架牛山北缘断裂，N45°～70° W/SW ∠80°±，逆冲兼左旋				
F_3	凤凰山断裂，N80° W/SW ∠70°～80°，左旋走滑兼正断层		$H_b \leqslant 3$	17	15
			$3 < H_b \leqslant 6$	19	
			$6 < H_b \leqslant 9$	20	
F_6	杨河断裂，N65° W/SW，逆冲兼左旋		$H_b \leqslant 3$	26	15
			$3 < H_b \leqslant 6$	37	
			$6 < H_b \leqslant 9$	49	
F_8	通渭断裂，N20°～30° W/NE ∠40°～80°，右旋逆冲		$H_b \leqslant 3$	20	15
			$3 < H_b \leqslant 6$	25	
F_9	礼县–罗家堡断裂，N60° E/NW ∠40°～80°，左旋走滑兼正断层		$6 < H_b \leqslant 9$	31	
F_{10}	孙家峡–任家山断裂，N50° W/NW ∠80°±，逆冲推断断层	晚更新世	$H_b \leqslant 3$	9	8
			$3 < H_b \leqslant 9$	10	
F_{11}	漳县北断裂，N70° W，左旋走滑		$H_b \leqslant 3$	19	8
			$3 < H_b \leqslant 6$	30	
			$6 < H_b \leqslant 9$	42	
F_{12}	清水断裂，N35° W/SW ∠70°～80°，逆冲兼左旋		$H_b \leqslant 3$	10	8
			$3 < H_b \leqslant 6$	12	
			$6 < H_b \leqslant 9$	13	

张棉驿乡
连五乡
川王镇
梁山镇
马关镇
刘堡镇
莲花镇
龙山镇
木河乡
平安乡
王营镇
张家川镇
陇城镇
大阳镇
张家川回族自治县
中山镇
恭门镇
松树镇
风台山
胡川镇
阎家乡
马鹿镇
关山梁
刘坪镇
兴丰镇
白驼镇
黄门镇
新城乡
长宁
王尹镇
远门镇
土门镇
云山镇
红堡镇
永清镇
清水县
秦亭镇
白沙镇
石佛镇
贾川乡
郭川镇
大山梁
山门镇
金集镇
草川铺镇
丰望乡
陇东镇
天水市
秦州区
麦积区
道北街道办
花牛镇
桥南街道办
社棠镇
元龙镇
马跑泉镇
伯阳镇
三岔镇
皂郊镇
甘泉镇
秦岭
麦积镇
岭
东岔镇
齐寿镇
麦积山
党川镇
娘娘坝镇
利桥镇
天子山
玉皇洞
历史地震
6.0≤M<7.0
5.0≤M<6.0
4.7≤M<5.0
现代地震
M_S≤2.0
2.0< M_S≤3.0
3.0< M_S≤4.0
4.0< M_S
地震动峰值加速度
(50年超越概率10%)
0.2g
0.3g
断裂性质
右旋平移活动断层
左旋平移活动断层
左旋平移活动正断层
左旋平移活动逆断层
断裂时代
全新世
更新世
第四纪前

天水市地质图

天水市地处我国大陆东西向和南北向巨型构造的交汇地带，以及一级阶梯和二级阶梯的地貌过渡带，在大地构造分区上，商丹板块主缝合带沿区内西秦岭北缘断裂将天水市分割为北部的祁连山褶皱带和南部的西秦岭褶皱带两个构造单元。祁连山褶皱带由于志留纪末期的秦祁昆古海板块俯冲增生而形成，中生代至新生代初期，该地区处于剥蚀和准平原化阶段。西秦岭褶皱带由于中、晚三叠世增生楔和扬子板块碰撞褶皱造山作用而形成。在古近纪时，秦岭沿断裂相对抬升，山前下沉形成断陷盆地，天水－秦安地区主要为冲洪积平原地形。中新世以来，区域地壳抬升，伴随黄土、古土壤的连续沉积，逐步形成长墚状黄土墚峁地貌。

根据岩石地层单位的分布和组成特征，全区地层按构造单元划分为古元古界、中—新元古界、下古生界、上古生界－下中生界、中生界（陆内）、中—新生界、新生界。其中，新生代地层在全区广泛分布，古近系、新近系及第四系均有出露。无论在沉积环境还是岩性特征上，均有所区别。古近系为断陷盆地堆积，分布比较局限，而新近系则为广泛的陆相盆地堆积；第四纪以来，区域继续接受剥蚀、隆升，地层发育以河流冲积物及风尘堆积为主。在各类地层单元中，新近系硬土软岩和第四系黄土是天水市分布的主要易滑地层。

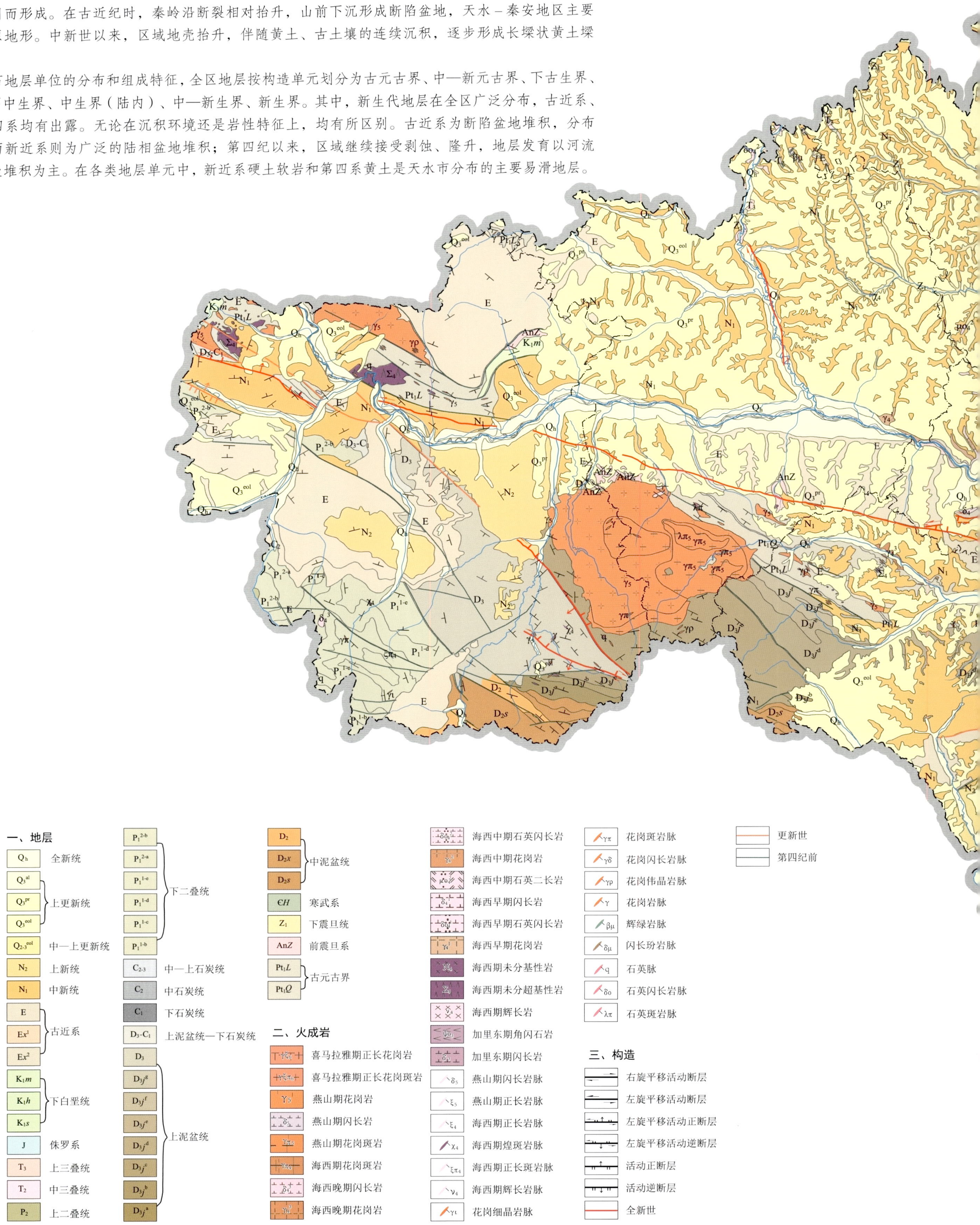

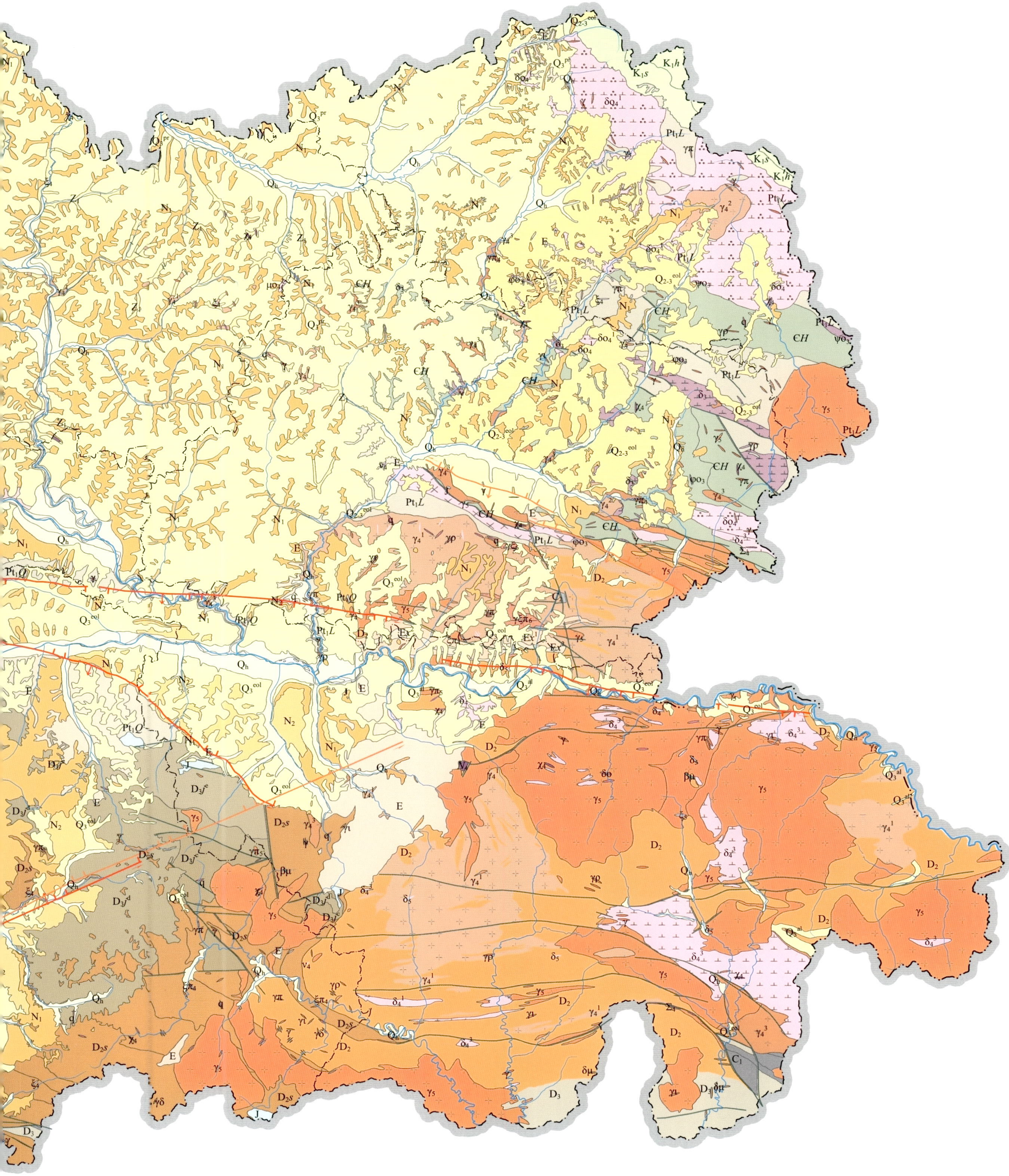

天水市植被指数分布图

利用中分辨率成像光谱仪（moderate-resolution imaging spectroradio-meter，MODIS）中国区 2015 年 5 月至 2016 年 5 月期间跨年度逐 8 日 33 景的植被指数数据，综合平均获取了天水市增强型植被指数（enhanced vegetation index，EVI），反应出天水市植被类型和覆盖程度的空间差异。增强型植被指数是在归一化植被指数（normalized differential vegetation index，NDVI）基础上改进而来的，通过对大气校正所包含的影像因子，如大气分子、气溶胶、薄云、水汽和臭氧等，进行全面校正，能够稳定地反映研究区植被情况。天水市植被分布，由南向北是亚热带边缘的落叶－常绿阔叶混交林向暖温带落叶阔叶林过渡，暖温带落叶阔叶林向森林草原过渡，由东向西是暖温带的落叶阔叶林向青藏高原高寒植被逐步过渡；以南部西秦岭山区和东北部关山一带植被覆盖率较高，中部和北部黄土墚峁区植被覆盖率相对较低。

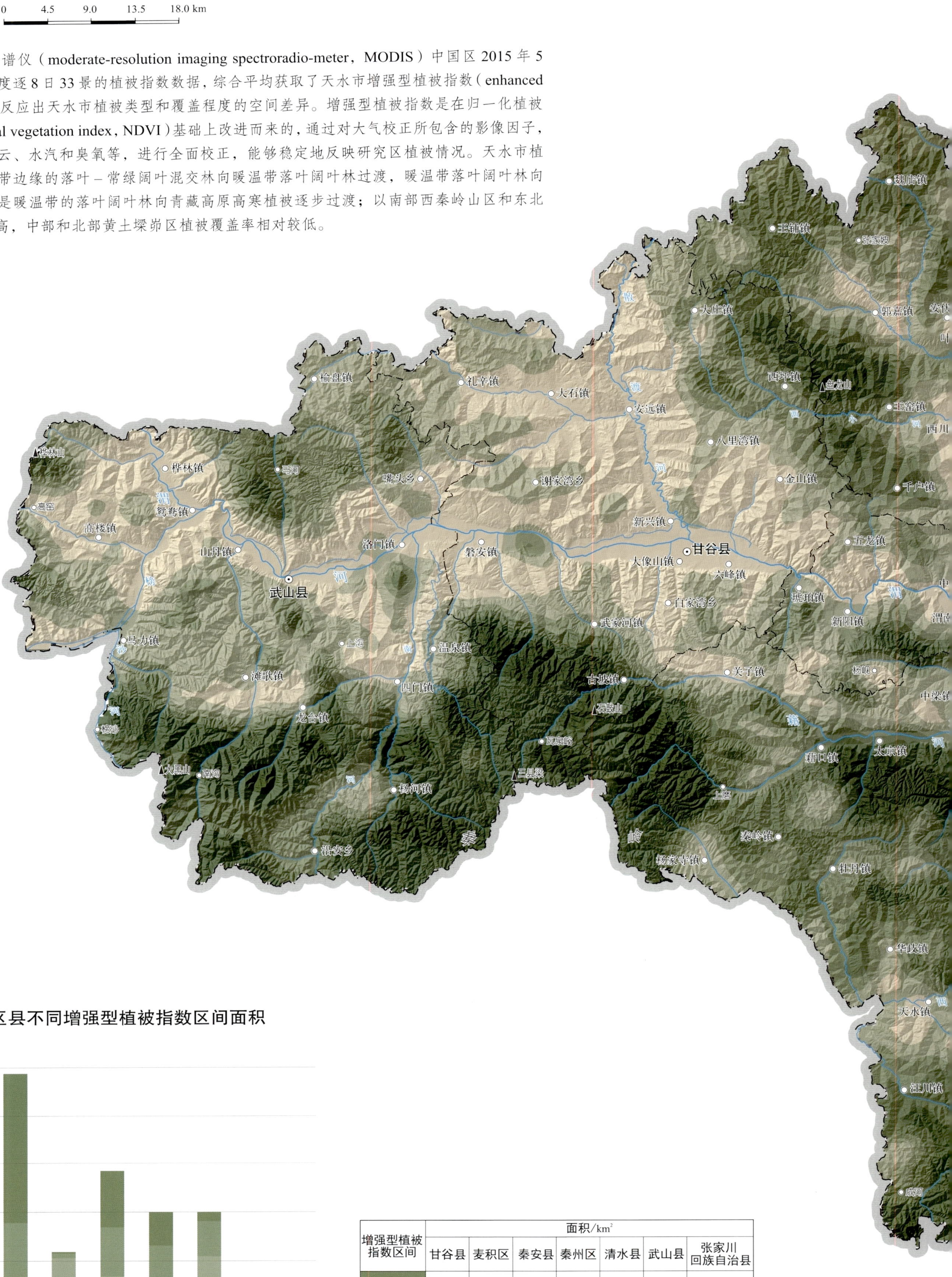

各区县不同增强型植被指数区间面积

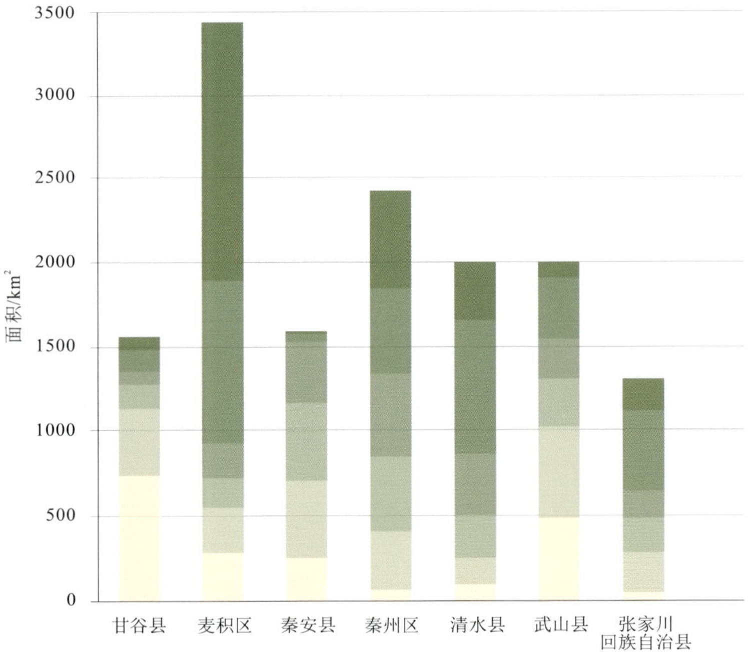

增强型植被指数区间	面积/km²						
	甘谷县	麦积区	秦安县	秦州区	清水县	武山县	张家川回族自治县
-0.32～-0.2	75	1556	10	585	338	92	184
-0.38～-0.32	130	953	61	513	794	361	470
-0.46～-0.38	84	214	363	484	360	237	163
-0.5～-0.46	138	180	457	441	256	297	210
-0.6～-0.5	400	267	458	351	153	527	241
<-0.6	744	282	251	68	102	497	43

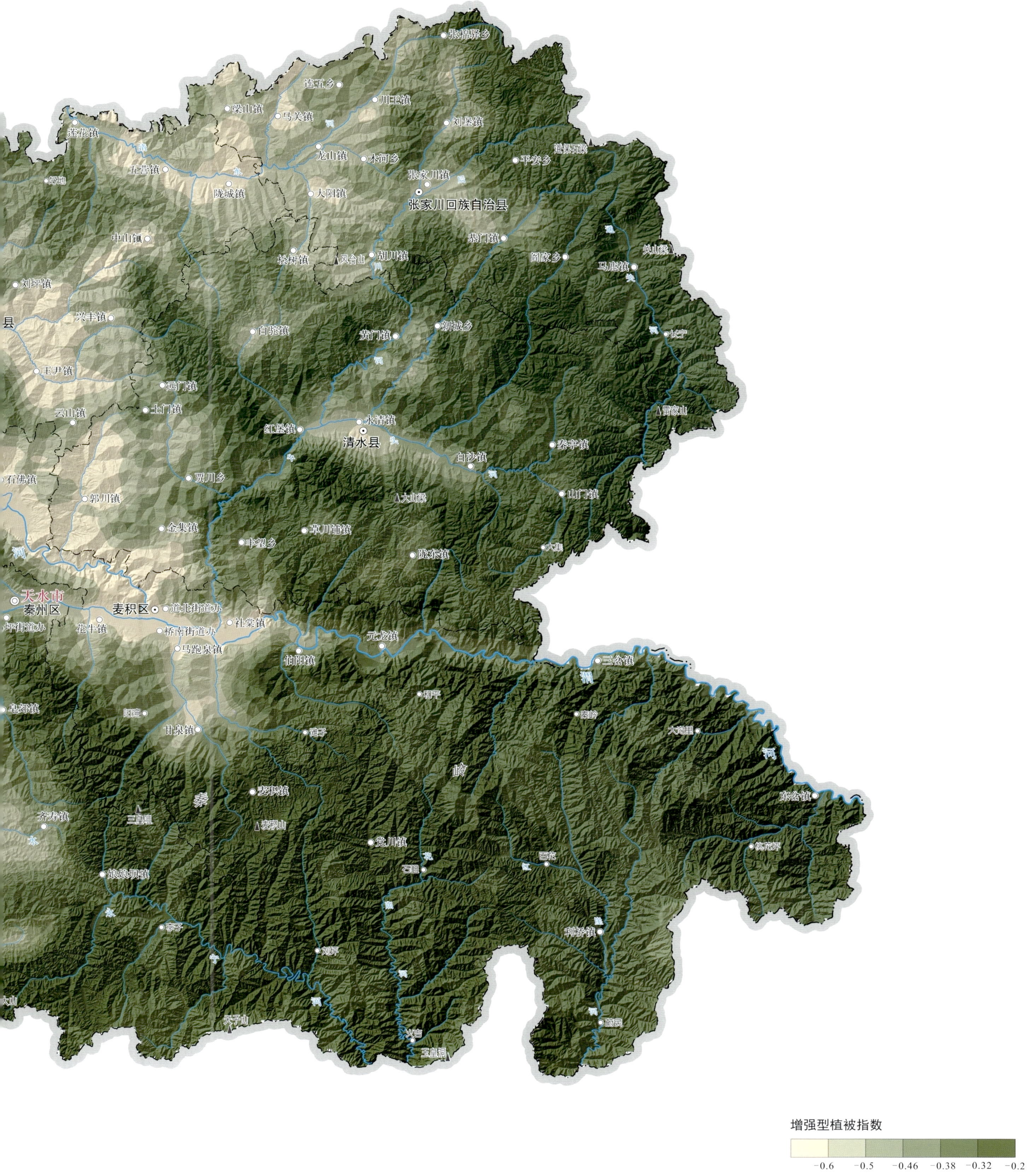
张棉驿乡
连五乡
川王镇
梁山镇
马关镇
刘堡镇
莲花镇
道保石梁
龙山镇
木河乡
平安乡
五营镇
张家川镇
好地
陇城镇
大阳镇
张家川回族自治县
中山镇
恭门镇
松树镇
风台山
胡川镇
阎家乡
关山梁
马鹿镇
刘坪镇
县
兴丰镇
白驼镇
黄门镇
新城乡
长宁
王尹镇
远门镇
云山镇
土门镇
雷家山
永清镇
红堡镇
清水县
秦亭镇
白沙镇
石佛镇
贾川乡
郭川镇
大山梁
山门镇
金集镇
草川铺镇
丰望乡
陇东镇
大集
天水市
秦州区
麦积区
道北街道办
社棠镇
花牛镇
桥南街道办
马跑泉镇
元龙镇
伯阳镇
三岔镇
和平
皂郊镇
阳湾
秦岭
甘泉镇
滩子
大沟里
岭
麦积镇
秦
东岔镇
齐寿镇
三皇咀
麦积山
党川镇
桃花坪
百花
石咀
娘娘坝镇
利桥镇
李子
刘坪
天子山
火吉
玉皇洞
蔚民
增强型植被指数
−0.6
−0.5
−0.46
−0.38
−0.32
−0.2

天水市年平均降水量分布图

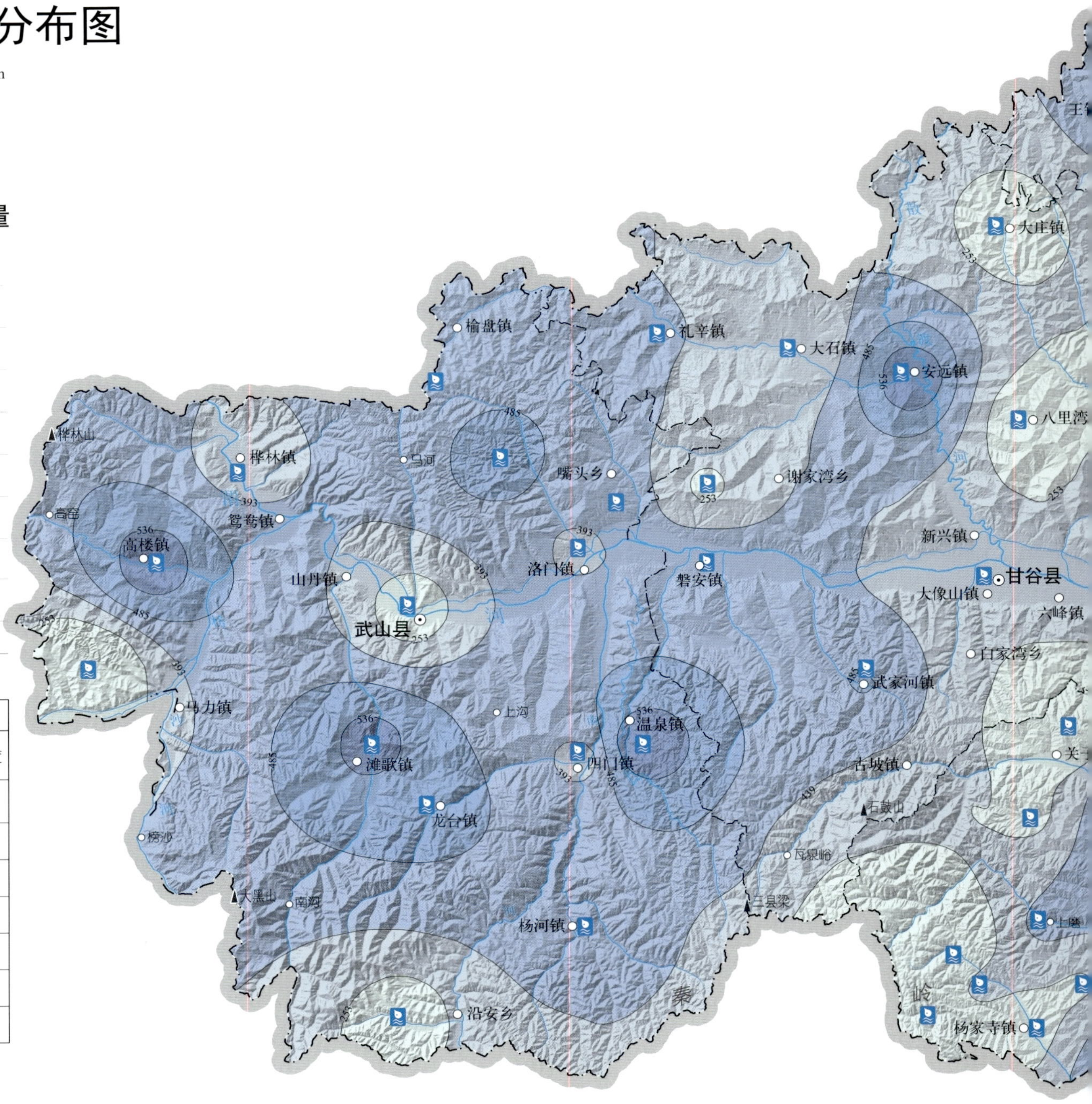

2015～2019年各区县季度平均降水量

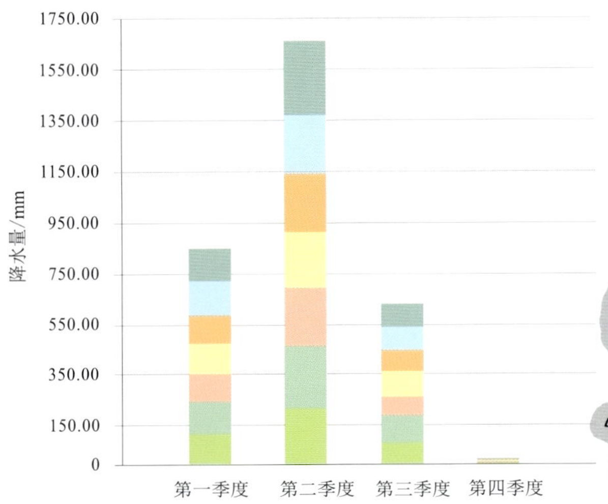

区县名称	降水量/mm			
	第一季度	第二季度	第三季度	第四季度
张家川回族自治县	125.62	293.73	91.63	1.56
武山县	132.71	230.41	94.63	0.26
清水县	112.94	224.29	77.96	2.46
秦州区	119.40	220.43	100.75	4.08
秦安县	110.99	231.60	78.22	1.18
麦积区	129.26	242.94	106.07	3.85
甘谷县	118.19	221.78	86.91	0.56

利用天水市174个监测台站2015年至2019年逐日和逐时的降水量数据，采用反距离加权插值方法获取了天水市年、季节平均降水量时空分布图。分析表明，天水市年平均降水量介于425.00~553.20 mm。受高程、地形和大气环流影响，天水市降水具有年际变化大、时空分布不均的特点，最大年降水量为860.10 mm，最小年降水量为242.70 mm。天水市降水量随季节变化显著，以春、夏季降水居多，具有降水集中、雨量大的特点，最大降水量集中在6月至9月，约占全年降水量的64%；秋季和冬季降水量相对较少。天水市降水量空间分布不均匀，呈现出山地、丘陵区多于平原、盆地区的特征；对比各区县降水量，可知以麦积区南部秦岭山区、张家川回族自治县关山一带、武山县南部山区降水最为丰富，年平均降水量为550.00~900.00 mm，秦州区、甘谷县、秦安县、清水县等大部地区降水偏少，年平均降水量为250.00~500.00 mm。

春季降水量

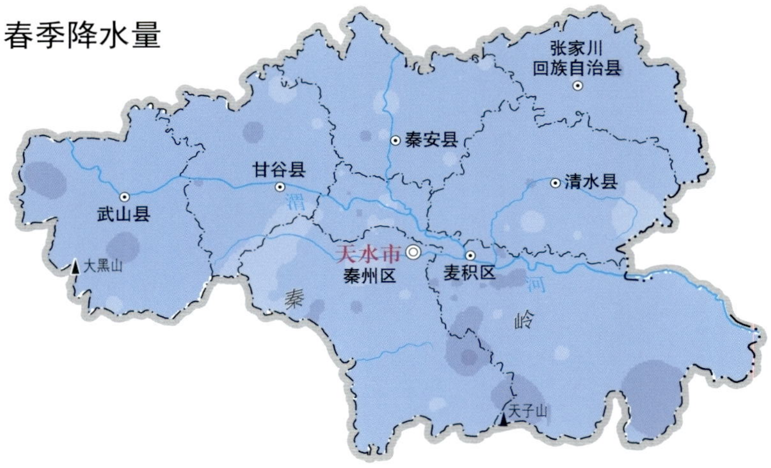

夏季降水量

秋季降水量

冬季降水量

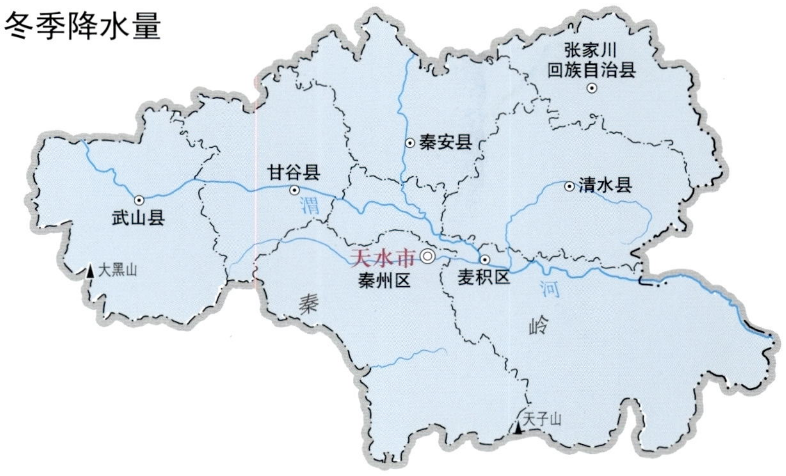

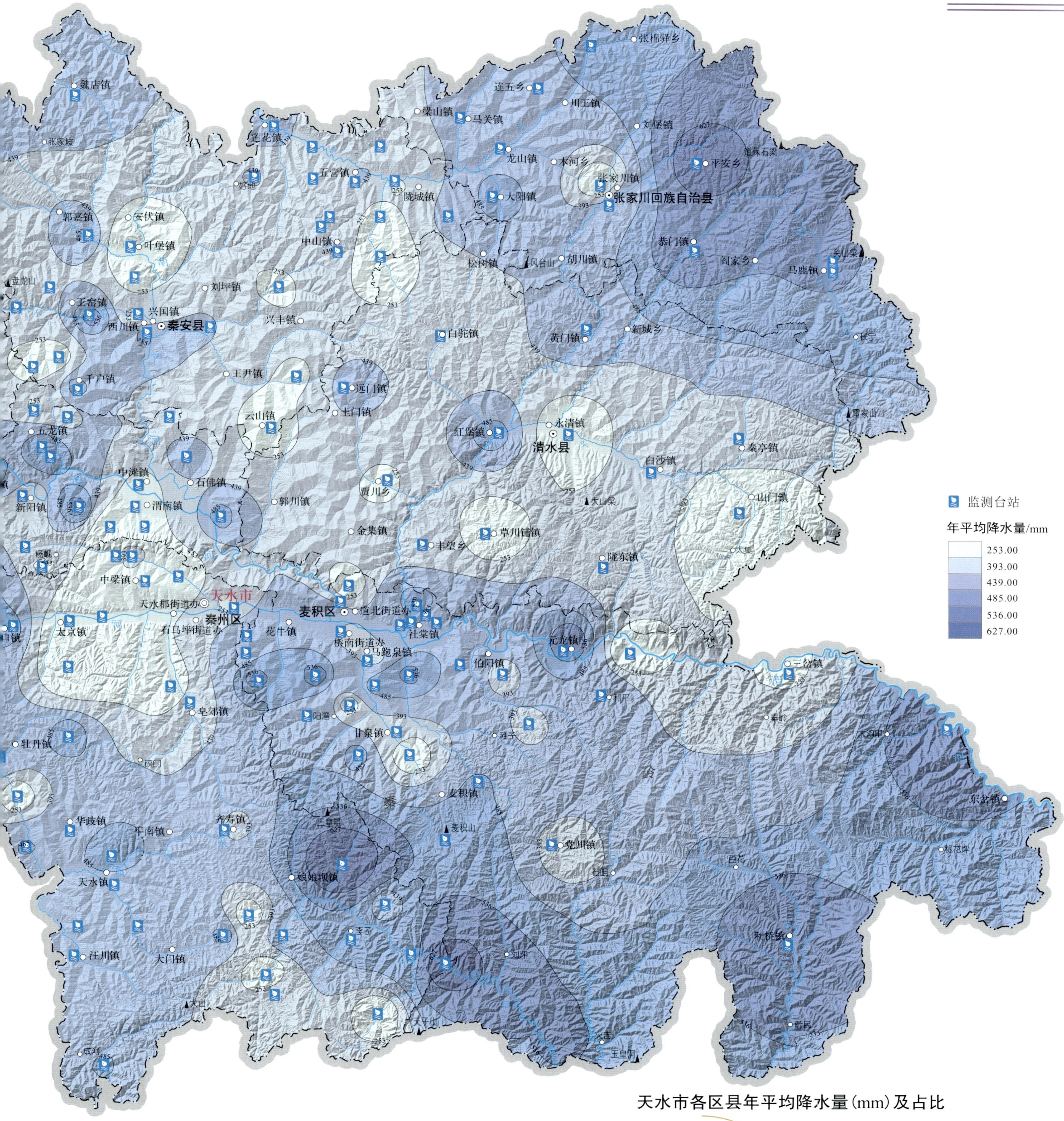

天水市各区县年平均降水量(mm)及占比

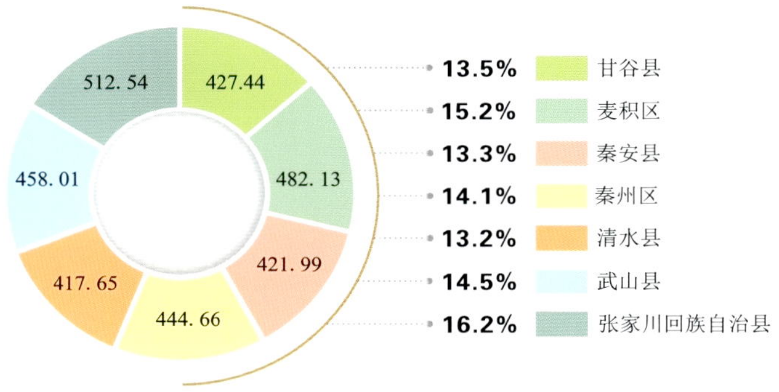

2015～2019年各区县月平均降水量

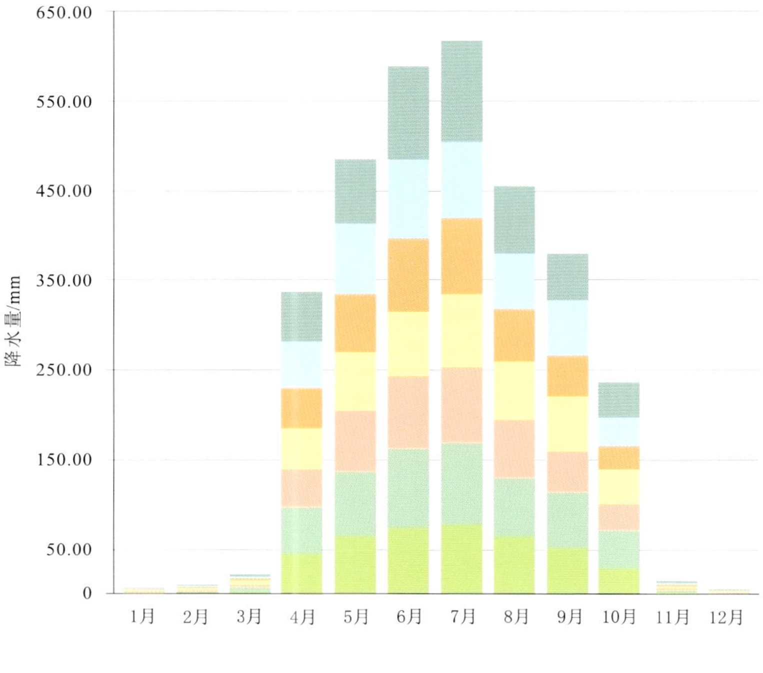

区县名称	月平均降水量											
	1月	2月	3月	4月	5月	6月	7月	8月	9月	10月	11月	12月
张家川回族自治县	1.15	0.34	1.79	52.12	71.71	105.5	112.1	76.07	52.41	38.64	0.59	0.06
武山县	0.01	0.02	1.86	55.03	75.79	85.19	84.64	60.48	59.20	32.98	2.41	0.23
清水县	0.31	1.38	3.99	43.06	65.88	81.98	83.51	58.79	48.26	27.66	2.04	0.77
秦州区	1.06	2.27	7.19	47.52	64.68	71.88	82.47	66.10	59.39	36.95	4.43	0.75
秦安县	0.30	0.48	2.65	40.92	67.42	81.21	86.30	64.16	45.79	30.68	1.76	0.40
麦积区	1.17	1.48	6.56	51.42	71.29	87.10	90.95	64.92	61.13	42.14	2.82	1.20
甘谷县	0.08	0.23	2.12	48.05	68.03	77.41	78.[illegible]1	66.28	54.77	31.10	1.03	0.26

天水市地形起伏度分布图

0 4.5 9.0 13.5 18.0 km

地形起伏度是指单位面积内最大相对高程差，指示区域地形切割深度，是表征区域地貌类型的重要指标之一。天水市地形起伏度分析采用了30m分辨率先进星载热发射和反射辐射仪全球数字高程模型（Advanced Spaceborne Thermal Emission and Reflection Radiometer Global Digital Elevation Model，ASTER GDEM）数据，结合区域地形发育特征，运用地理信息系统（geographic information system，GIS）邻域分析工具以12×12栅格大小统计单元计算了地形起伏度。结果显示：天水市境内地形起伏度最大约520 m，地形起伏度30 m以下面积约为515 km^2，面积占比为3.6%，主要分布于渭河、西汉水河谷及其支流沟谷地带；地形起伏度30~60 m区间面积约为495 km^2，面积占比为3.4%，主要位于山坡底部及河流高阶地地带；地形起伏度60~180 m区间分布面积最广，主要分布在天水市中部和北部黄土墚峁区，面积占比为74.3%；地形起伏度180m以上主要分布于麦积区和武山县南部西秦岭山区。

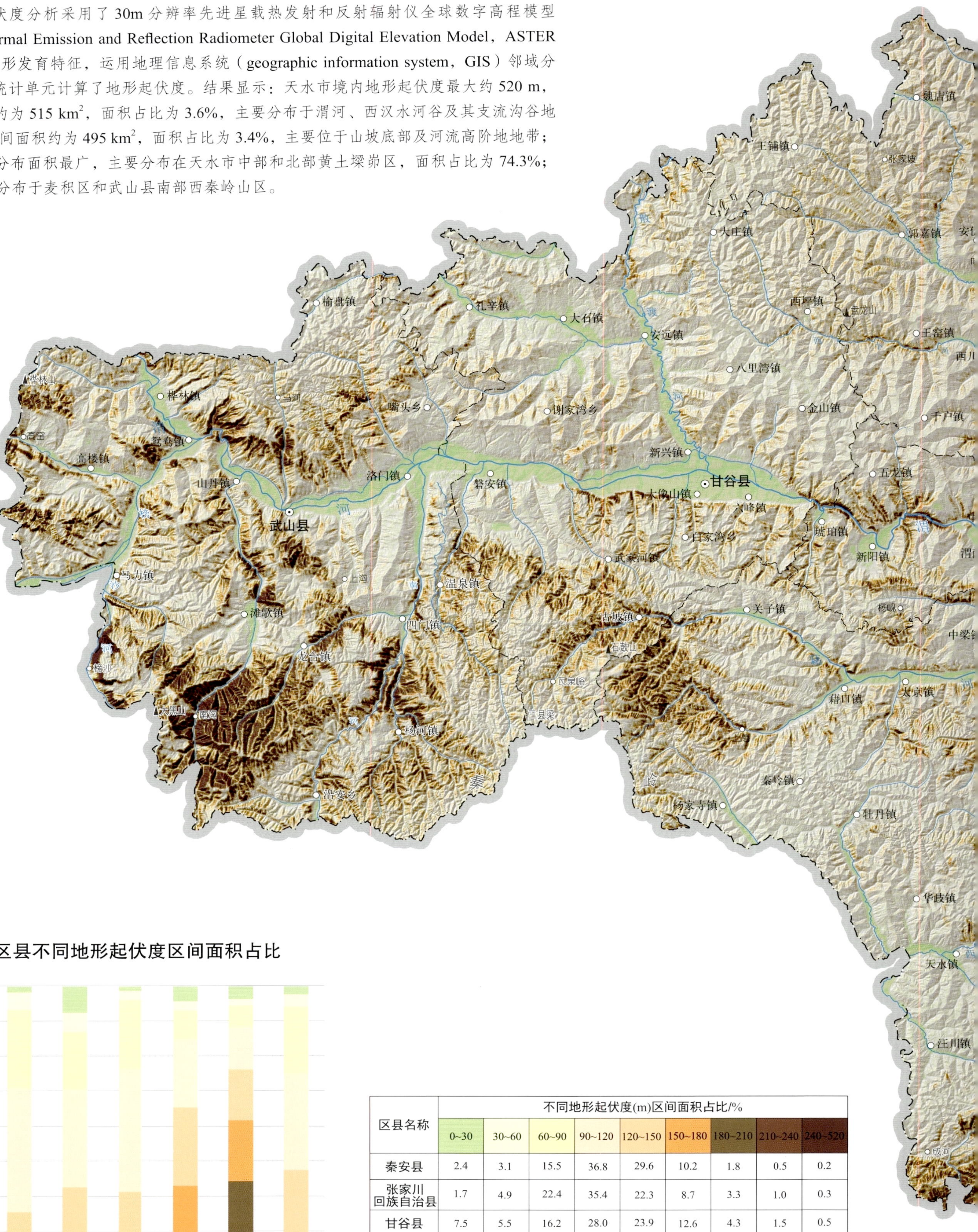

各区县不同地形起伏度区间面积占比

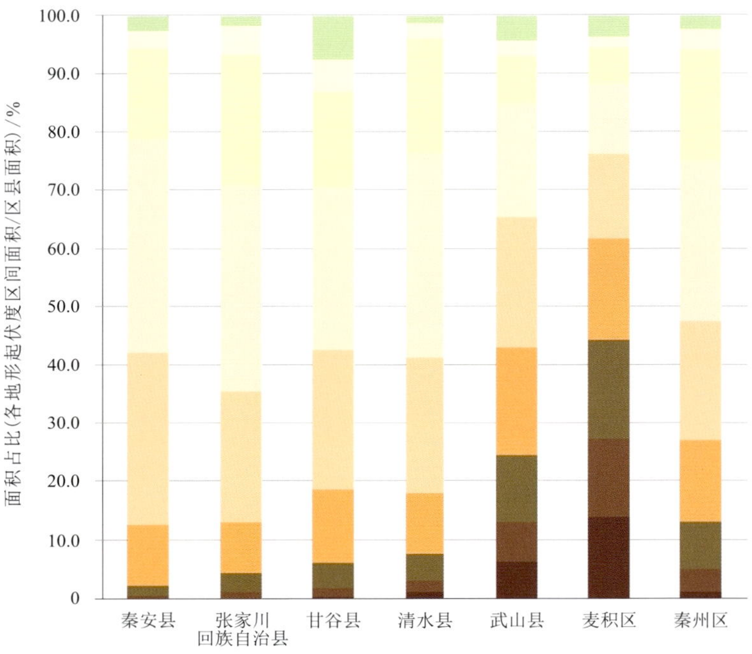

区县名称	不同地形起伏度(m)区间面积占比/%								
	0~30	30~60	60~90	90~120	120~150	150~180	180~210	210~240	240~520
秦安县	2.4	3.1	15.5	36.8	29.6	10.2	1.8	0.5	0.2
张家川回族自治县	1.7	4.9	22.4	35.4	22.3	8.7	3.3	1.0	0.3
甘谷县	7.5	5.5	16.2	28.0	23.9	12.6	4.3	1.5	0.5
清水县	1.1	2.6	19.6	35.3	23.2	10.3	4.6	1.9	1.4
武山县	4.2	2.5	8.4	19.3	22.4	18.5	11.4	6.7	6.6
麦积区	3.5	1.9	6.2	12.0	14.4	17.5	17.1	13.4	14.1
秦州区	2.3	3.5	19.1	27.3	20.6	14.0	7.9	3.9	1.4

不同地形起伏度区间面积(km²)及占比

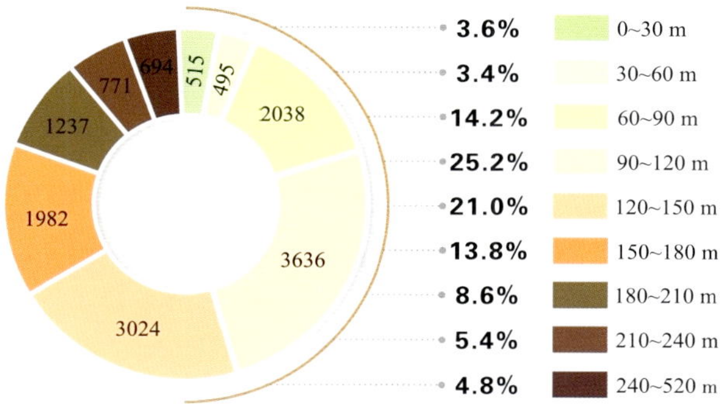

天水市坡度分布图

0　4.5　9.0　13.5　18.0km

坡度是表征地貌类型的重要参数之一，也是影响斜坡稳定性的重要因素。天水市地形坡度分析采用了30m分辨率ASTER GDEM数据，通过GIS空间分析计算了天水市斜坡坡度。按照经验分级结果显示：坡度10°~30°区间面积约为9211 km^2，面积占比为64.0%，广泛分布于黄土墚峁区，总体属于地质灾害易发区；坡度0°~10°区间面积约为2303 km^2，面积占比为16.0%，主要分布于河流沟谷和黄土墚顶部，地质灾害一般较不易发；坡度＞30°区间面积约为2880 km^2，面积占比为20.0%，主要分布于麦积区和武山县的南部西秦岭山区，地质灾害相对不易发，以少量泥石流和崩塌为主。此外，依据国际地理学联合会地貌调查与地貌制图委员会关于坡地分类的坡度等级划分方法，天水市坡度0°~0.5°区间的平原面积占比为0.8%，0.5°~2°的微斜坡面积占比为2.4%，2°~5°的缓斜坡面积占比为3.6%，5°~15°的斜坡面积占比为25.5%，15°~35°的陡坡面积占比为56.8%，35°~55°的峭坡面积占比为11.0%，55°以上的垂直壁面积占比为0.1%。

各区县不同坡度区间面积占比

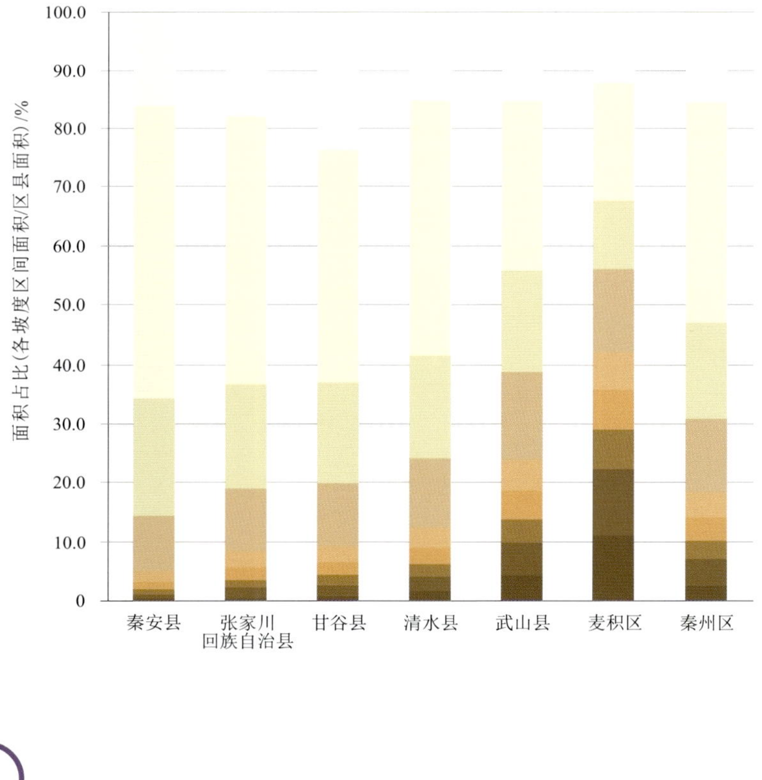

区县名称	不同坡度(°)区间面积占比/%								
	0~10	10~20	20~25	25~30	30~32	32~34	34~36	36~40	>40
秦安县	16.0	49.7	19.8	9.4	1.8	1.2	0.8	0.8	0.6
张家川回族自治县	17.8	45.4	17.5	10.7	2.7	2.0	1.4	1.6	0.8
甘谷县	23.6	39.2	17.0	10.7	2.8	2.1	1.6	1.9	1.0
清水县	15.0	43.3	17.2	11.9	3.4	2.7	2.1	2.6	1.8
武山县	15.1	28.9	17.0	15.0	5.2	4.7	4.0	5.7	4.5
麦积区	12.0	20.0	11.6	14.1	6.4	6.7	6.7	11.3	11.2
秦州区	15.5	37.3	16.0	12.5	4.3	3.8	3.2	4.4	2.9

不同坡度区间面积(km²)及占比

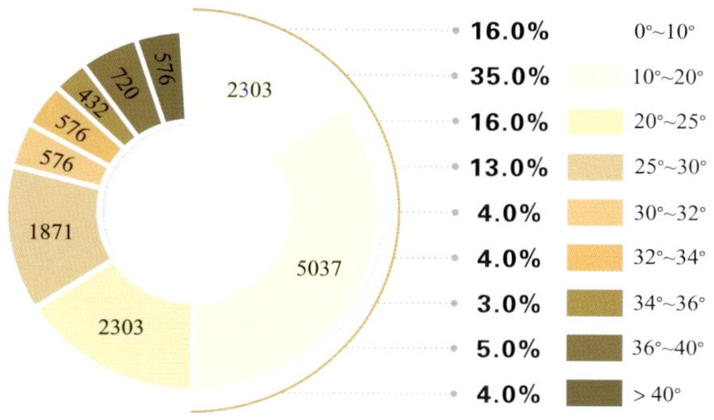

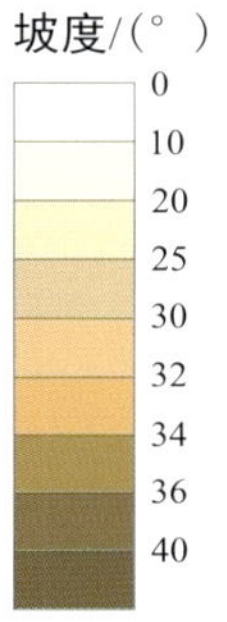

3 地质灾害分布规律

天水市地质灾害分布图

天水市是甘肃省地质灾害重点高易发地区之一，其国土面积仅占全省总面积的3.3%，但其地质灾害高易发区面积占全省高易发区总面积的14.5%。截至2018年底，天水市共调查出地质灾害点1807个。从地质灾害类型分析可知，滑坡1044个，数量占比约57.8%，是数量最多的灾害类型，在全区黄土墚峁地区均有分布，主要集中在渭河及其支流两岸和西秦岭北缘断裂带沿线；泥石流303个，数量占比约16.8%，以秦州区、麦积区、武山县和甘谷县较为易发；崩塌204个，数量占比约11.3%，主要分布在麦积区、秦安县、甘谷县和张家川回族自治县；不稳定斜坡256个，数量占比约14.2%。从各区县地质灾害分布数量分析可知，甘谷县地质灾害数量最多，为345个，占比约19.1%；其次为麦积区，灾害点数量为332个，占比约18.4%；武山县灾害点数量为294个，占比为16.3%；其余区县的灾害数量约200个不等，数量占比为10%~13%。

各区县地质灾害数量统计

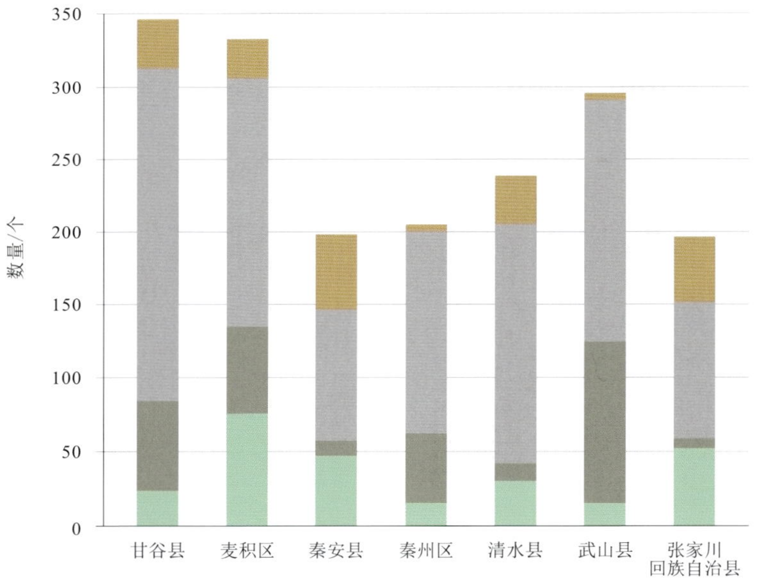

地质灾害类型	数量/个						
	甘谷县	麦积区	秦安县	秦州区	清水县	武山县	张家川回族自治县
崩塌	34	28	51	6	34	5	46
滑坡	228	170	90	138	162	165	91
泥石流	59	59	9	47	12	110	7
不稳定斜坡	24	75	47	14	30	14	52

甘肃省地质灾害易发程度分区图

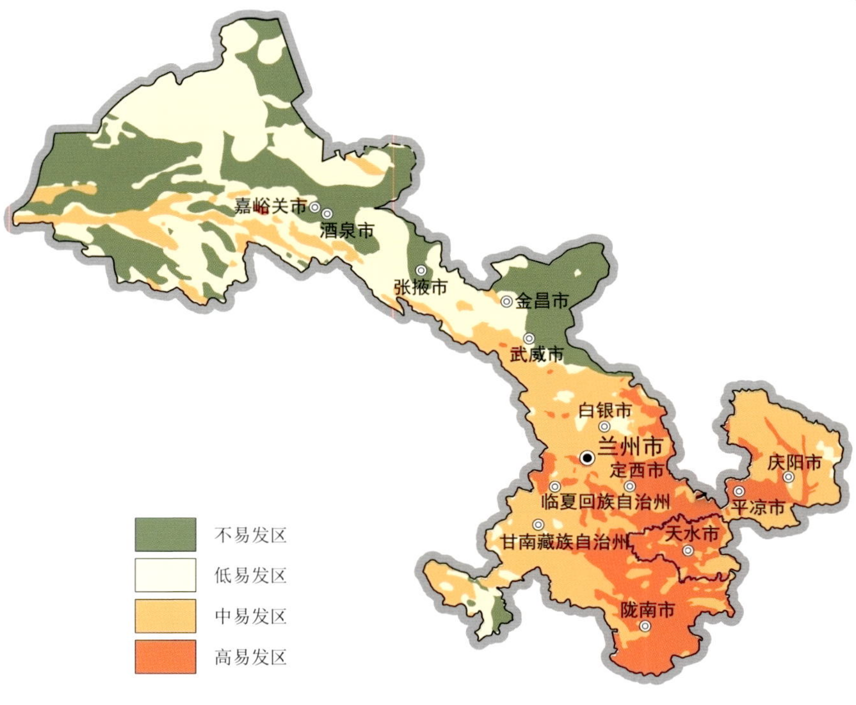

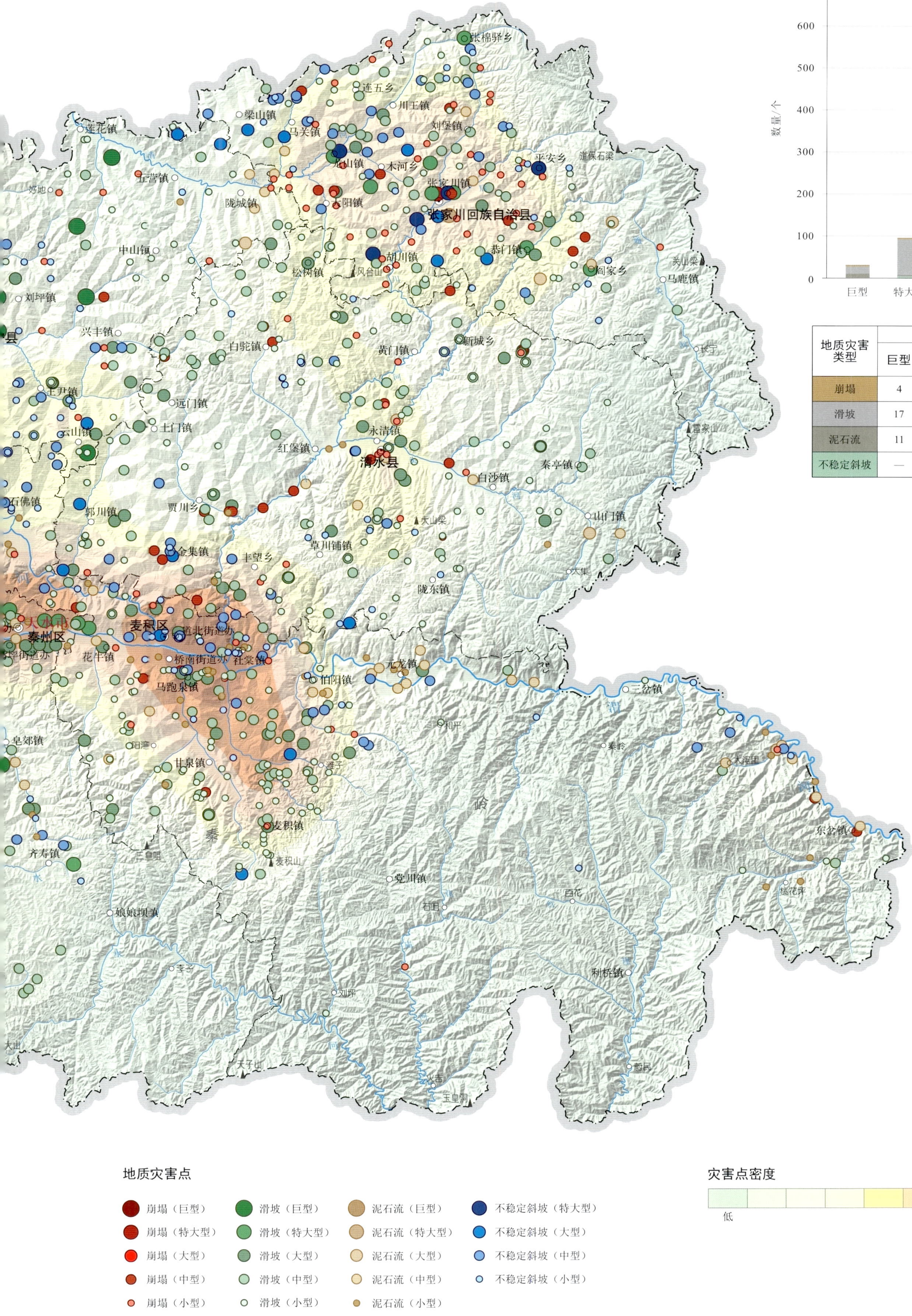

各规模地质灾害数量统计

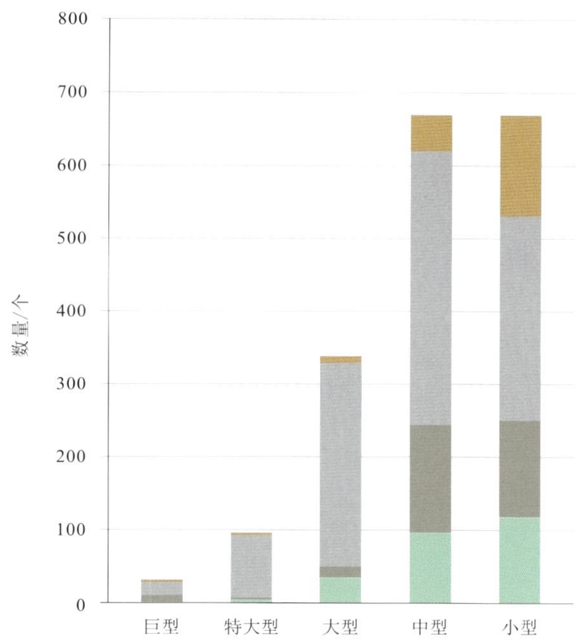

地质灾害类型	数量/个				
	巨型	特大型	大型	中型	小型
崩塌	4	1	8	51	140
滑坡	17	88	279	378	282
泥石流	11	1	15	145	131
不稳定斜坡	—	5	36	97	118

天水市甘谷县地质灾害分布图

0 1.8 3.6 5.4 7.2 km

甘谷县位于天水市北部，县域内已查明地质灾害点345个，其中滑坡228个，占比约66.1%；崩塌34个，占比约9.9%；泥石流59个，占比约17.1%；不稳定斜坡24个，占比约7.0%。甘谷县地质灾害规模以小型—大型为主，合计占比约86.4%；特大型和巨型灾害较少，分别占比9.6%和4.0%。甘谷县地质灾害分布主要受西秦岭北缘断裂武山—甘谷段和区域地形地貌控制，主要沿渭河及其支流两岸呈片状、带状分布，地貌上主要属于低山－黄土梁峁区，及其与侵蚀堆积河谷区的过渡山坡地带，集中在磐安镇中北部、甘谷县城、金山镇南部及礼辛镇中部地区，区内人口分布密集，总体危害较大。县域南部中低山基岩山区地层多为坚硬侵入岩体和变质岩体，上覆薄层黄土，受降雨影响易发育浅层黄土滑和中－小型泥石流灾害，不易于形成群发性、大型地质灾害，区内人口及公共设施较少，危害性较小。

甘谷县滑坡规模以小型—大型为主，占比约84.6%，主要沿散度河、清溪河、金川河等流域及其支流两岸分布；特大型和巨型滑坡主要沿活动断裂带及渭河两岸分布，如磐安镇南北坡和甘谷县城北坡。崩塌规模以小型—大型为主，占比约88.2%，主要分布于武家河镇、金山镇及甘谷县城的河流岸坡及交通干线地带；其中，黄土崩塌多为小型和中型崩塌，基岩崩塌多为中型和大型崩塌。泥石流规模主要以小型和中型为主，占比约81.4%；主要沿艾家川河谷、甘谷县北坡及礼辛镇清溪河两侧支沟分布；巨型泥石流八处，分布在礼辛镇、磐安镇和甘谷县城，主要沿渭河和清溪河河谷及其支流发育。不稳定斜坡规模主要以中型和大型为主，占比约83.3%，主要分布于区内河流支沟两侧，少数沿交通干线发育。

甘谷县各规模地质灾害数量统计

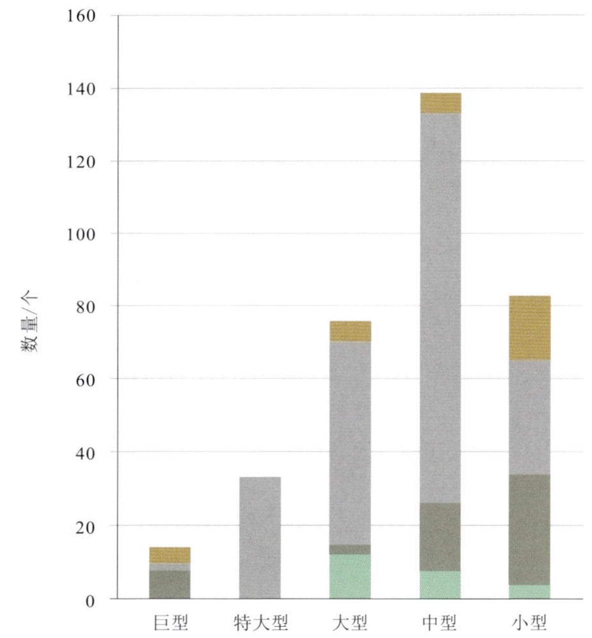

地质灾害类型	数量/个				
	巨型	特大型	大型	中型	小型
崩塌	4	—	6	6	18
滑坡	2	33	55	107	31
泥石流	8	—	3	18	30
不稳定斜坡	—	—	12	8	4

甘谷县地质灾害类型数量统计

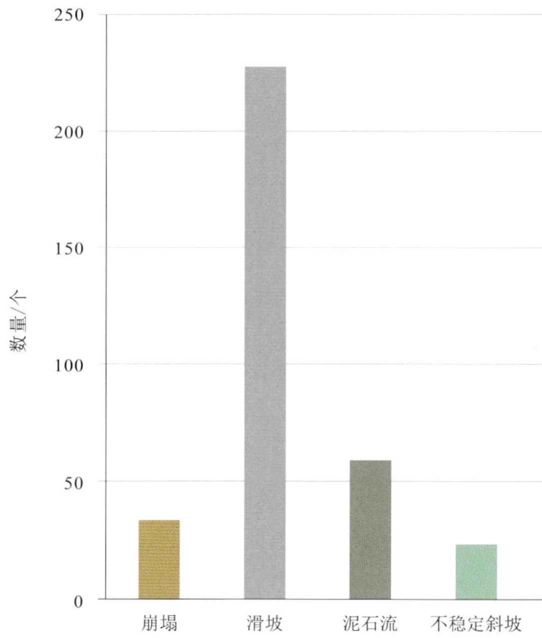

名称	数量/个			
	崩塌	滑坡	泥石流	不稳定斜坡
甘谷县	34	228	59	24

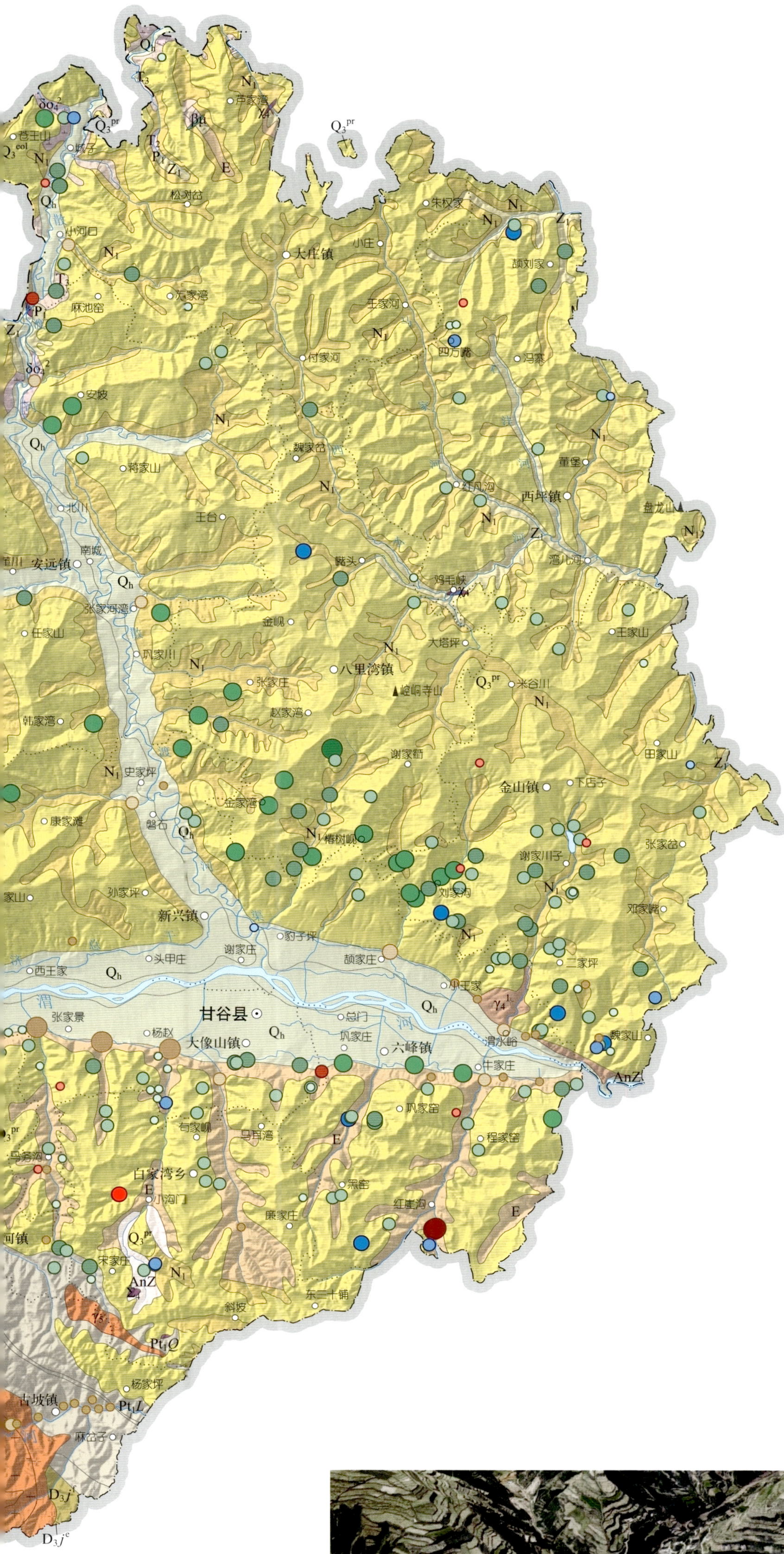

地质灾害点

- 崩塌（巨型）
- 崩塌（大型）
- 崩塌（中型）
- 崩塌（小型）
- 滑坡（巨型）
- 滑坡（特大型）
- 滑坡（大型）
- 滑坡（中型）
- 滑坡（小型）
- 泥石流（巨型）
- 泥石流（大型）
- 泥石流（中型）
- 泥石流（小型）
- 不稳定斜坡（大型）
- 不稳定斜坡（中型）
- 不稳定斜坡（小型）

甘谷县在天水市的地理位置

甘谷县磐安镇渭河北岸北坡尉家湾滑坡

尉家湾滑坡是典型的地震诱发巨型黄土–泥岩滑坡。滑坡最大宽约 4.5 km，纵向长度约 3.5 km，体积约 2.13 亿 m^3，主滑方向 210°。

甘谷县安远镇 X087 县道垮落式岩质崩塌

甘谷县渭河南岸大砂沟泥石流

天水市麦积区地质灾害分布图

麦积区马跑泉镇孟家山黄土—泥岩接触面滑坡

麦积区马跑泉镇胡家崖黄土崩塌

麦积区石佛镇保峪沟泥石流

麦积区位于天水市东南部，辖区内已查明地质灾害点332个，其中滑坡170个，占比约51.2%；崩塌28个，占比约8.4%；泥石流59个，占比约17.8%；不稳定斜坡75个，占比约22.6%。麦积区地质灾害规模以小型和中型为主，合计占比约91.9%；大型地质灾害占比约8.1%。麦积区地质灾害分布主要受西秦岭北缘断裂宝鸡—天水段和区域地形地貌控制，呈现出西北部渭河及其较大支流河谷区下游段地质灾害相对密集，东南部相对较少的分布特征。在乡镇分布方面，集中在西北部渭南镇、花牛镇、马跑泉镇、社棠镇、伯阳镇、元龙镇、甘泉镇和麦积镇等地，在东岔镇、五龙乡和新阳镇等地有零星分布，党川乡和利桥镇地质灾害相对不发育。

麦积区滑坡规模主要以小型和中型为主，占比约88.2%，多沿渭河及其支流河谷两岸呈线状分布，属于侵蚀堆积河谷区、构造剥蚀低山与黄土梁峁区过渡地带；大型滑坡主要沿活动断裂带分布，如花牛镇、马跑泉镇、社棠镇、伯阳镇渭河南北两山地带，属于构造剥蚀中低山－黄土梁峁区。崩塌以小型黄土崩塌为主，占比约71.4%，主要分布在渭河及其支流藉河、东柯河、颍川河等河谷两侧黄土梁峁区，尤其在河流高阶地的前部发育更为集中；基岩崩塌分布于渭河及其支流基岩峡谷区、秦岭山地等中低山区。泥石流规模以小型和中型为主，占比约96.6%，与滑坡密集区分布类似，如保峪沟、横河峪、大江峪、稠泥河等泥石流沟的沟谷岸坡均发育大型滑坡；同时，在流域分布方面多集中在渭河北岸，较大泥石流沟包括堡子沟、王家沟、李家沟、杜家沟等。不稳定斜坡以小型和中型为主，占比约94.7%，主要分布于区内河流支沟两侧，少数沿交通干线发育。

麦积区在天水市的地理位置

麦积区各规模地质灾害数量统计

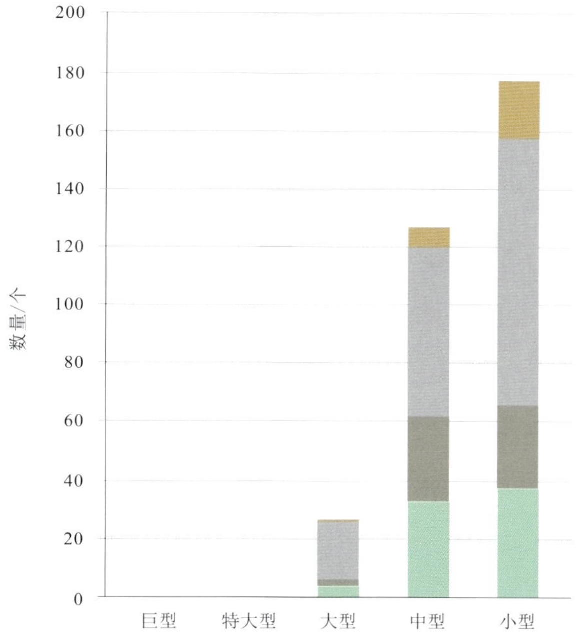

地质灾害类型	数量/个				
	巨型	特大型	大型	中型	小型
崩塌	—	—	1	7	20
滑坡	—	—	20	58	92
泥石流	—	—	2	29	28
不稳定斜坡	—	—	4	33	38

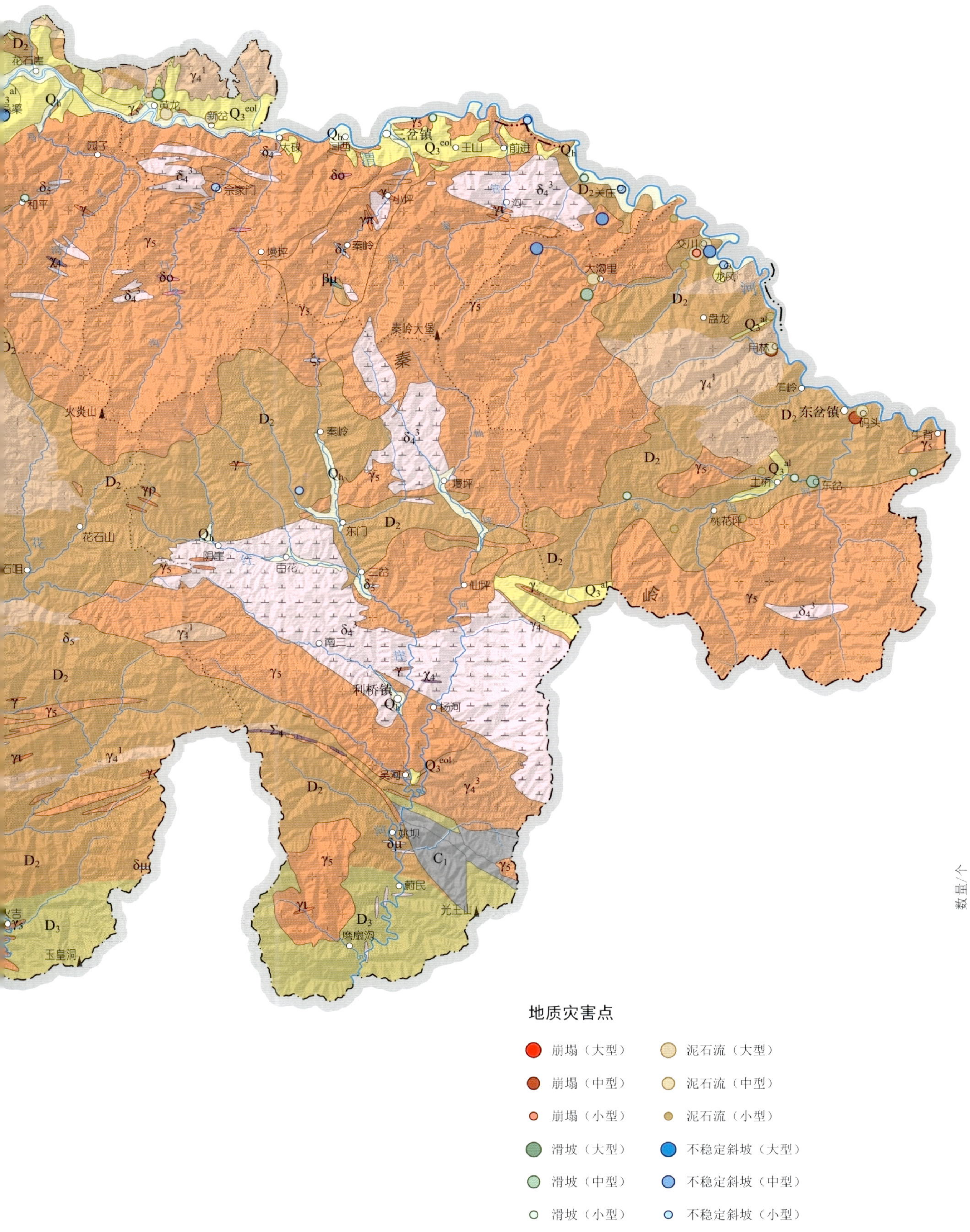

麦积区地质灾害类型数量统计

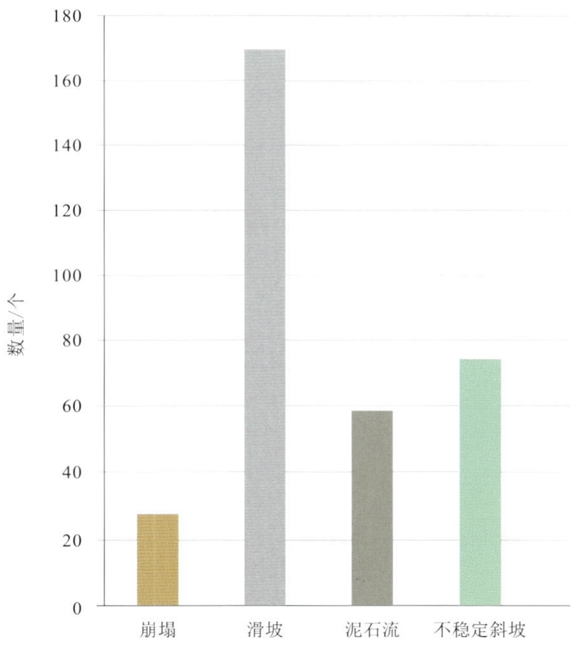

名称	数量/个			
	崩塌	滑坡	泥石流	不稳定斜坡
麦积区	28	170	59	75

天水市秦安县地质灾害分布图

秦安县在天水市的地理位置

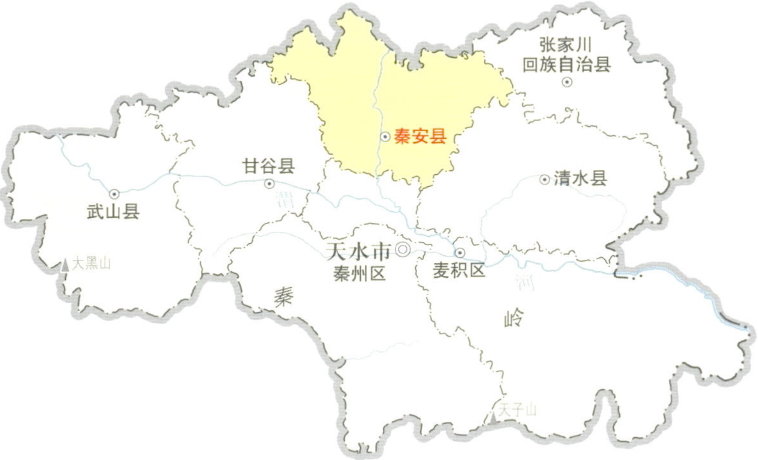

秦安县位于天水市北部，辖区内已查明地质灾害点197个，其中滑坡90个，占比约45.7%；崩塌51个，占比约25.9%；泥石流9个，占比约4.6%，不稳定斜坡47个，占比约23.9%。秦安县地质灾害规模以小型和中型为主，分布主要受地形地貌和岩性控制，表现为中部灾害多、规模较大，东西部灾害少、规模小的分布特征。中型和大型灾害主要分布在中部低山及侵蚀堆积河谷区与黄土墚峁区过渡地带；东、西部低山基岩山区表层披覆薄层黄土，易发育浅层黄土接触型滑坡和小－中型泥石流。在乡镇分布方面，集中在县域中部的郭嘉镇、安伏镇、叶堡镇、刘坪乡、秦安县城及云山乡等地，灾害类型以滑坡、崩塌和不稳定斜坡为主；县域东部的莲花镇、五营镇、中山乡、兴丰镇及西部王铺乡地质灾害相对不发育，灾害类型以小型泥石流和浅层滑坡为主。

秦安县滑坡规模以小型－大型为主，占比约91%，主要沿葫芦河及其一级支沟南小河和二级支沟清水河两侧分布，属于黄土墚峁区；巨型和大型滑坡主要为历史地震诱发的黄土－泥岩复合老滑坡，小型和中型黄土滑坡主要为历次集中降雨事件诱发。崩塌规模以小型和中型为主，其中小型崩塌占比约84%，主要沿葫芦河和S304省道呈带状展布，属于侵蚀堆积河谷区与黄土墚峁区过渡地带。泥石流规模以中小型和中型为主，占全区泥石流总数的77%，大多分布于东北部陇城镇和五营镇清水河支沟两侧，少量分布于秦安县城及西北王铺乡，属于东北部低山－基岩山区。不稳定斜坡规模以小型和中型为主，占全区不稳定斜坡总数的75%，大多分布于东南部云山乡、西北郭嘉镇及中部刘坪乡交通干线两侧及部分村庄，主要为人工切坡修路和建房所致，少量分布于县城及县域西北王铺乡，地貌上属于低山黄土墚峁区。

秦安县西川镇雒堡村地震滑坡威胁宝兰高铁

秦安县地质灾害类型数量统计

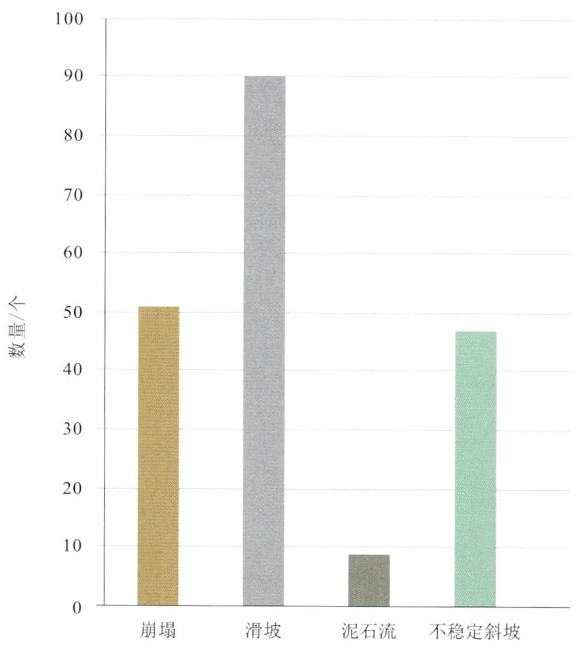

名称	数量/个			
	崩塌	滑坡	泥石流	不稳定斜坡
秦安县	51	90	9	47

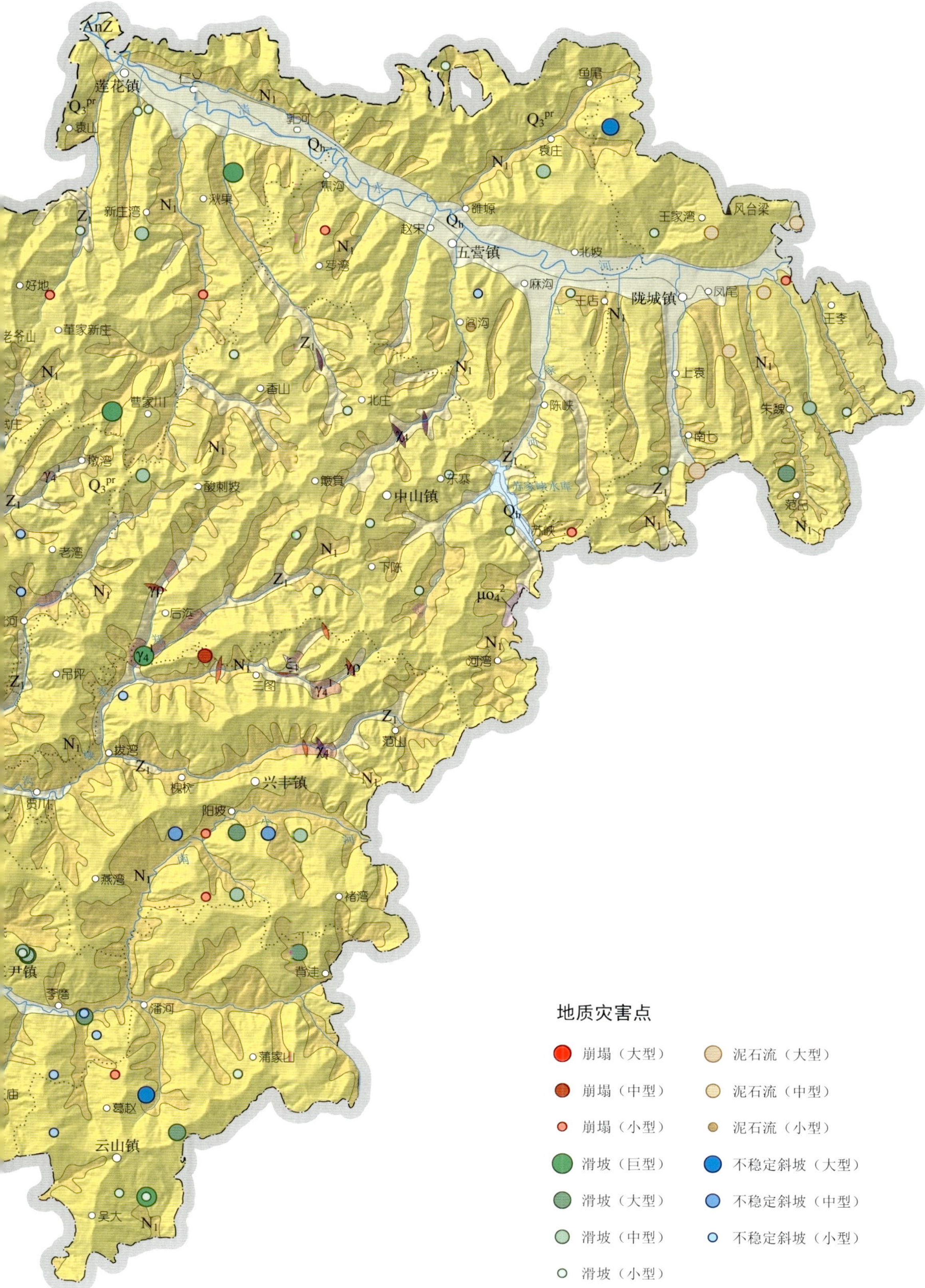

秦安县各规模地质灾害数量统计

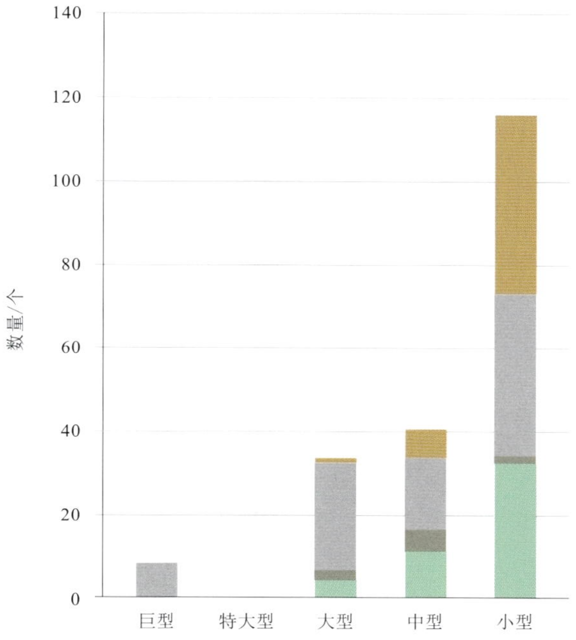

地质灾害类型	数量/个				
	巨型	特大型	大型	中型	小型
崩塌	—	—	1	7	43
滑坡	8	—	26	17	39
泥石流	—	—	2	5	2
不稳定斜坡	—	—	4	11	32

秦安县中山乡郭洼村红崩塌

秦安县唐家堡崩塌

天水市秦州区地质灾害分布图

秦州区位于天水市西南部，辖区内已查明地质灾害点205个，其中滑坡138个，占比约67.3%；崩塌6个，占比约2.9%；泥石流47个，占比约22.9%；不稳定斜坡14个，占比约6.8%。秦州区地质灾害规模以小型－大型为主，合计占比约87.3%；特大型地质灾害占比约10.2%；巨型地质灾害占比约2.4%。地质灾害分布总体上受西秦岭北缘断裂天水—凤凰山段和区域地形地貌控制，沿藉河、西汉水及南沟河河谷两岸呈带状分布，主要集中在天水南北两山、中梁镇、皂郊镇和天水镇等地，其次在大门镇、平南镇、秦岭乡和牡丹镇有零星分布，杨家寺镇地质灾害相对不发育。空间分布呈现东北和西南区域发育较多，西北和东南区域发育较少的特征。

秦州区滑坡规模以中型—特大型为主，占比约90.6%。其中，大型和特大型滑坡主要沿活动断裂带集中分布，集中在秦州市区、中梁镇和天水镇，地貌属于构造剥蚀中低山和黄土墚峁区；小型和中型滑坡多沿藉河及其次级支流河谷两岸分布，地貌属于侵蚀堆积河谷区、构造剥蚀低山与黄土墚峁区的过渡地带。崩塌规模以小型和中型为主，黄土崩塌主要分布在辖区北部天水北坡低山－黄土墚峁区；基岩崩塌主要分布在关子镇西部及汪川镇南部等中低山地貌单元内。泥石流以小型和中型为主，占比约95.7%，主要沿藉河支沟和南沟河支沟呈东西横带和南北纵带集中分布，包括罗玉沟、吕二沟、豹子沟、年集沟、普岔沟、灰河沟、武家沟等泥石流沟。不稳定斜坡以小型和中型为主，占比约64.3%，主要分布在河流支沟两侧，少数沿交通干线发育，地貌主要属于低山－黄土墚峁区。

秦州区各规模地质灾害数量统计

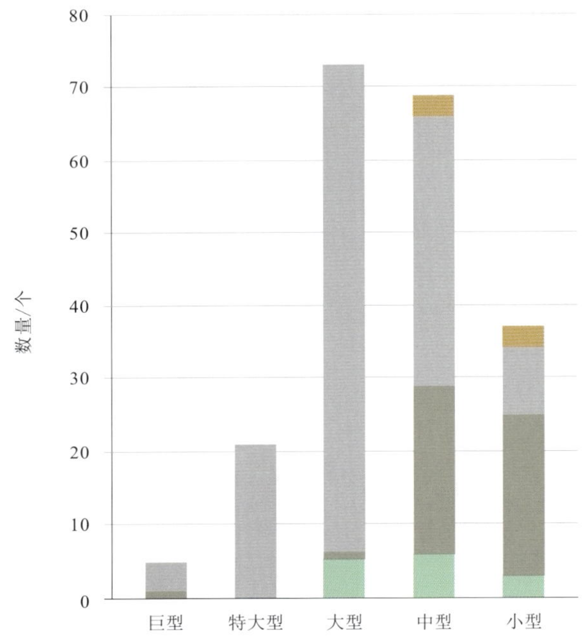

地质灾害类型	数量/个				
	巨型	特大型	大型	中型	小型
崩塌	—	—	—	3	3
滑坡	4	21	67	37	9
泥石流	1	—	1	23	22
不稳定斜坡	—	—	5	6	3

天水市秦州区稍子坡不稳定黄土－泥岩斜坡

秦州区普岔沟泥石流

秦州区在天水市的地理位置

秦州区地质灾害类型数量统计

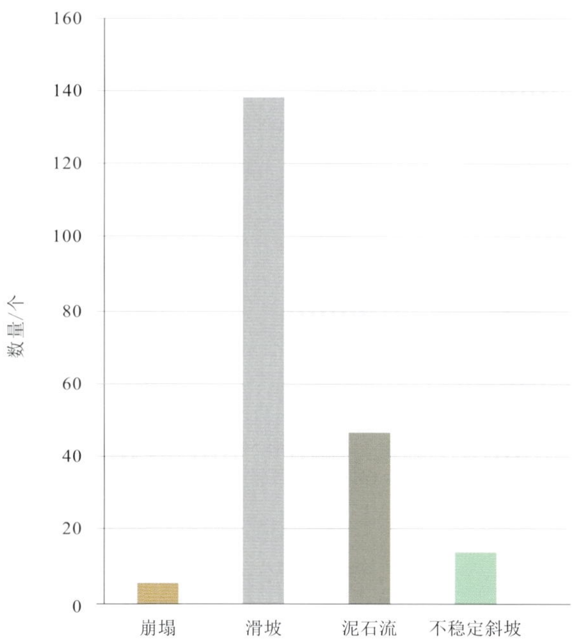

名称	数量/个			
	崩塌	滑坡	泥石流	不稳定斜坡
秦州区	6	138	47	14

地质灾害点

- 崩塌（中型）
- 崩塌（小型）
- 滑坡（巨型）
- 滑坡（特大型）
- 滑坡（大型）
- 滑坡（中型）
- 滑坡（小型）
- 泥石流（巨型）
- 泥石流（大型）
- 泥石流（中型）
- 泥石流（小型）
- 不稳定斜坡（大型）
- 不稳定斜坡（中型）
- 不稳定斜坡（小型）

秦州区玉泉镇周家山历史地震诱发的黄土－泥岩复合滑坡

秦州区玉泉镇果品批发市场黄土崩塌

天水市清水县地质灾害分布图

0 1.8 3.6 5.4 7.2 km

清水县在天水市的地理位置

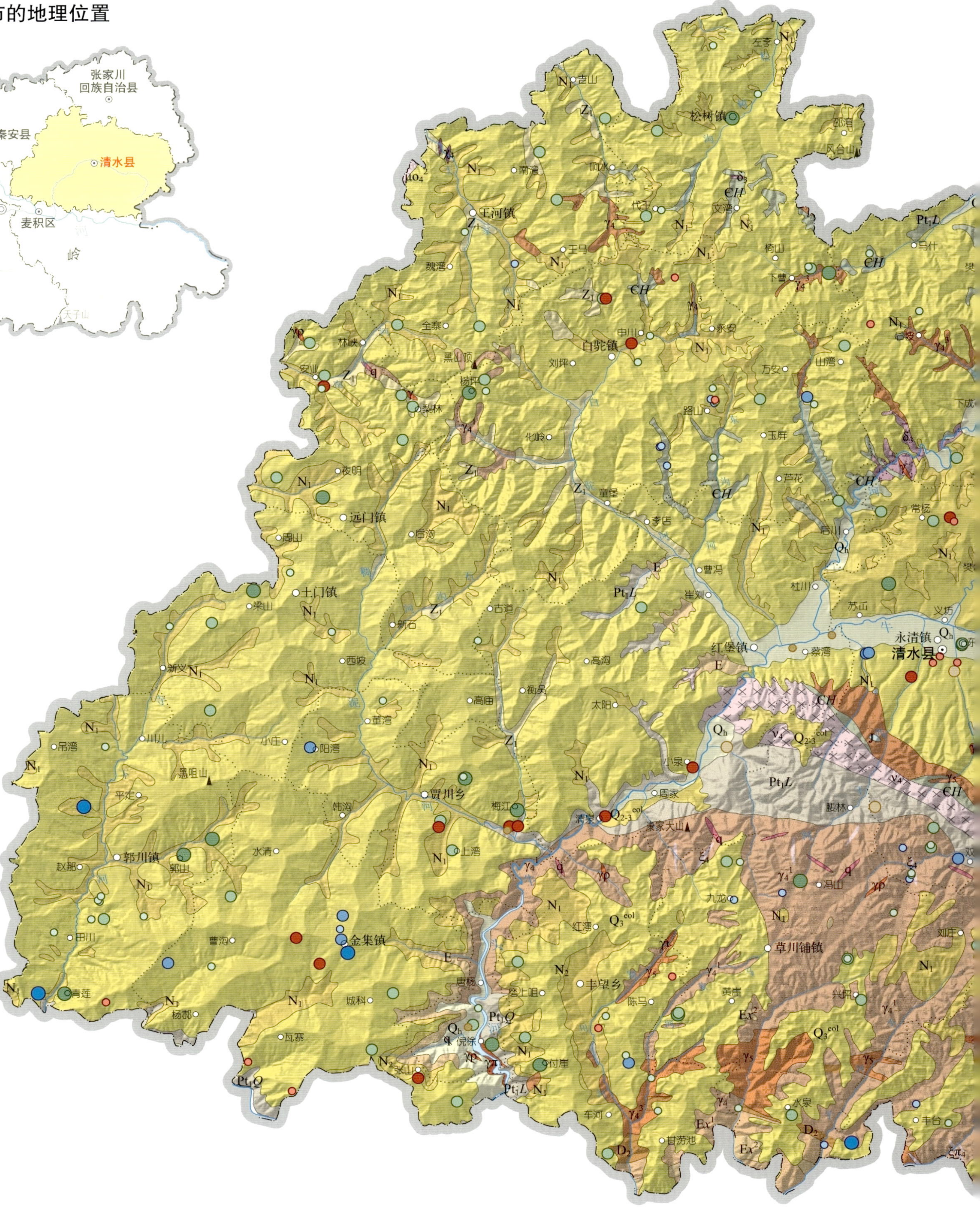

清水县位于天水市东北部，辖区内已查明地质灾害点 238 个，其中滑坡 162 个，占比约 68.1%；崩塌 34 个，占比约 14.3%；泥石流 12 个，占比约 5%；不稳定斜坡 30 个，占比约 12.6%。清水县地质灾害规模以小型和中型为主，合计占比约 87.8%；大型地质灾害占比 12.2%。清水县地质灾害分布明显受区域地形地貌和牛头河及其支流水系控制，总体呈东西－南北向沿河谷两岸带状展布，各乡镇地质灾害的分布相对较均匀。从地貌单元分析，在东部中低基岩山区主要发育滑坡、泥石流等，且危害相对较轻；在基岩山区边缘斜坡地带和西部黄土墚峁区，主要发育黄土崩塌和不稳定斜坡，危害较为严重。

清水县滑坡规模以小型和中型为主，占比约 85.8%，多沿小型支流和村庄呈散点状分布；大型滑坡主要沿牛头河、白驼河、后川河及南通河沟谷两侧呈线状分布，在清水县城、白驼镇、草川铺乡、郭川镇等地相对较为发育，地貌属于构造剥蚀中低山－黄土梁峁区。崩塌规模以小型和中型为主，黄土崩塌主要分布在牛头河及其支流两岸的黄土墚峁区，尤其在河流高阶地前部更为发育；基岩崩塌分布在县域中部和东部中低基岩山地貌单元内，其中部分沿交通干线分布。泥石流规模以小型和中型为主，占比约 83.3%，集中在县城及周边红堡镇、白沙镇等地区，主要沿河谷支沟两岸呈散点分布。不稳定斜坡规模以小型和中型为主，占比约 86.6%，主要分布在黄土墚峁区河流支沟两侧，少数沿交通干线发育。

清水县 S305 省道岩质崩塌

清水县各规模地质灾害数量统计

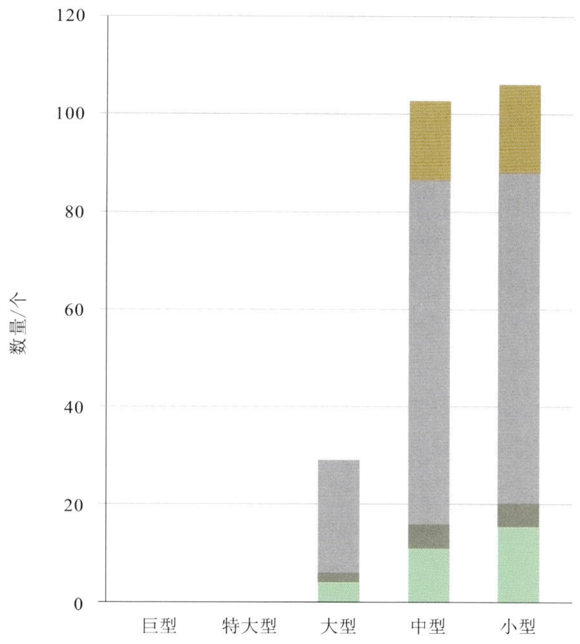

地质灾害类型	数量/个				
	巨型	特大型	大型	中型	小型
崩塌	—	—	—	16	18
滑坡	—	—	23	71	68
泥石流	—	—	2	5	5
不稳定斜坡	—	—	4	11	15

清水县地质灾害类型数量统计

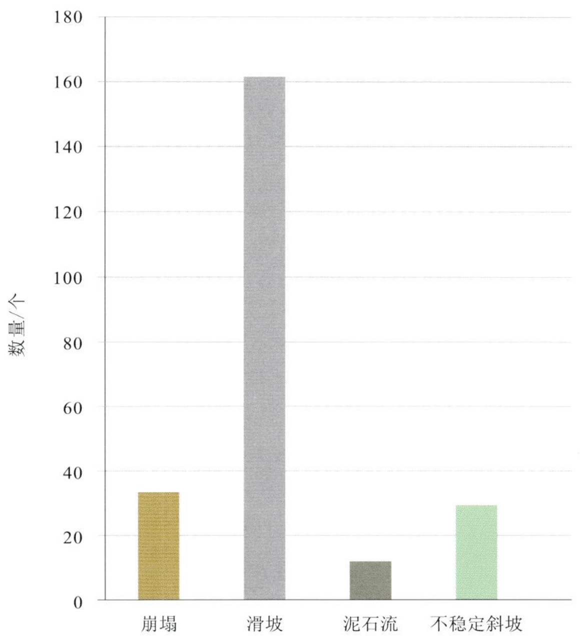

名称	数量/个			
	崩塌	滑坡	泥石流	不稳定斜坡
清水县	34	162	12	30

地质灾害点

- 崩塌（中型）
- 崩塌（小型）
- 滑坡（大型）
- 滑坡（中型）
- 滑坡（小型）
- 泥石流（大型）
- 泥石流（中型）
- 泥石流（小型）
- 不稳定斜坡（大型）
- 不稳定斜坡（中型）
- 不稳定斜坡（小型）

清水县红堡镇坡面型泥石流

天水市武山县地质灾害分布图

0 1.8 3.6 5.4 7.2 km

武山县位于天水市西部，辖区内已查明地质灾害点294个，其中滑坡165个，占比约56.1%；崩塌5个，占比约1.7%；泥石流110个，占比约37.4%；不稳定斜坡14个，占比约4.8%。武山县地质灾害规模以中型和大型为主，占比约68.4%；特大型和巨型地质灾害占比约10.5%。武山县地质灾害总体上受西秦岭北缘断裂甘谷—武山段和区域地形地貌控制，沿渭河、漳河河谷及其支流两岸分布，形成东西两带、南北五带的分布特征。在乡镇分布方面，主要集中在县域中北部高楼乡、桦林镇、山丹镇、洛门镇和咀头乡等地，中南部杨河乡、龙台镇和四门镇地质灾害基本不发育。在地貌单元分布方面，地质灾害集中在县域北部构造剥蚀低山–黄土丘陵区，人口分布密集，危害较大；南部中低基岩山区地质灾害不发育，人口稀少，危险性小。

武山县滑坡规模以中型—特大型为主，占比约93.3%。其中，大型和特大型滑坡主要沿活动断裂带分布，集中在武山县城、山丹镇、高楼乡等地，地貌属于构造剥蚀中低山–黄土丘陵区；小型和中型滑坡多沿渭河及其支流河谷岸坡分布，地貌属于侵蚀堆积河谷区与黄土梁峁区过渡地带。崩塌数量较少，以小型和中型为主，集中分布在县域西北部桦林镇、鸳鸯镇和高楼乡境内，地貌属于低山–黄土丘陵区。泥石流规模以小型和中型为主，占比约95.5%，空间分布与滑坡集中分布区较为一致，主要集中在漳河和渭河及其支流河谷地带。不稳定斜坡规模以小型和中型为主，主要集中在低山–黄土丘陵区河流支沟两侧，少数沿交通干线发育。

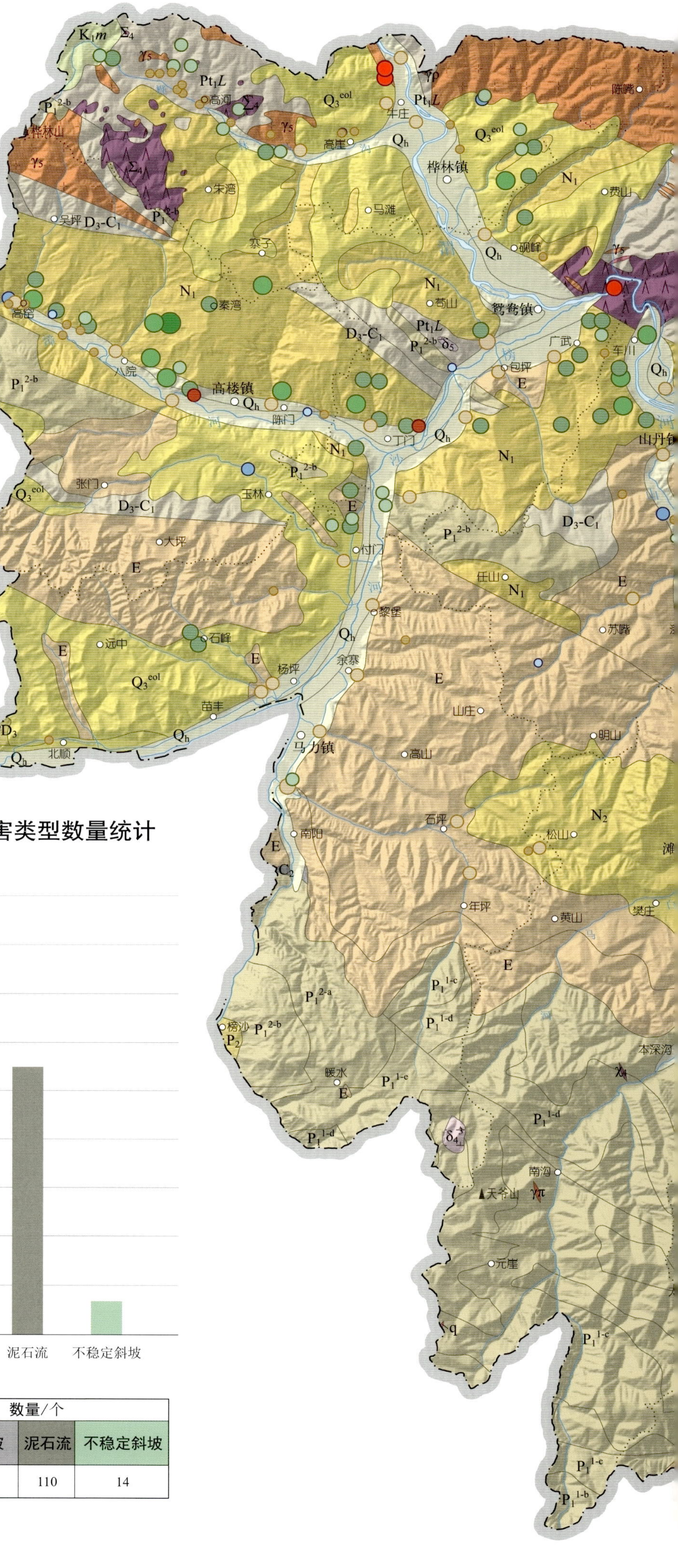

武山县各规模地质灾害数量统计

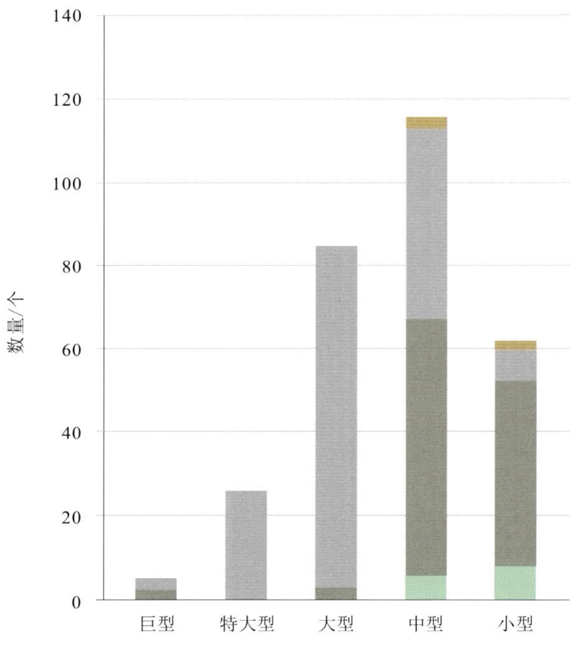

武山县地质灾害类型数量统计

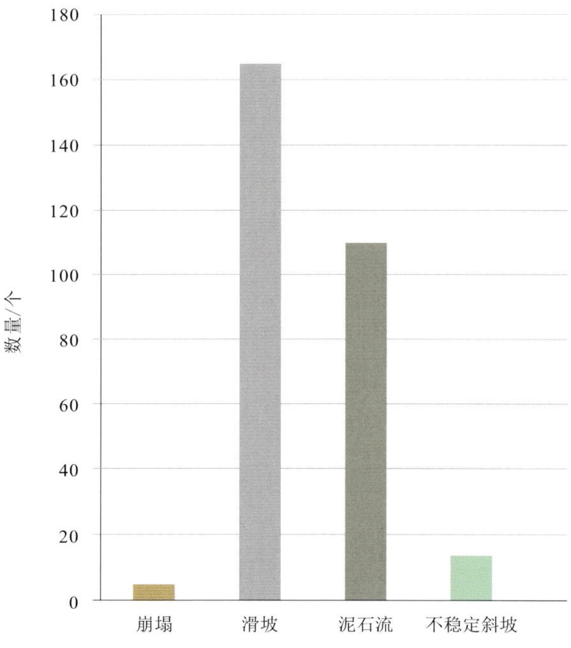

地质灾害类型	数量/个				
	巨型	特大型	大型	中型	小型
崩塌	—	—	—	3	2
滑坡	3	26	82	46	8
泥石流	2	—	3	61	44
不稳定斜坡	—	—	—	6	8

名称	数量/个			
	崩塌	滑坡	泥石流	不稳定斜坡
武山县	5	165	110	14

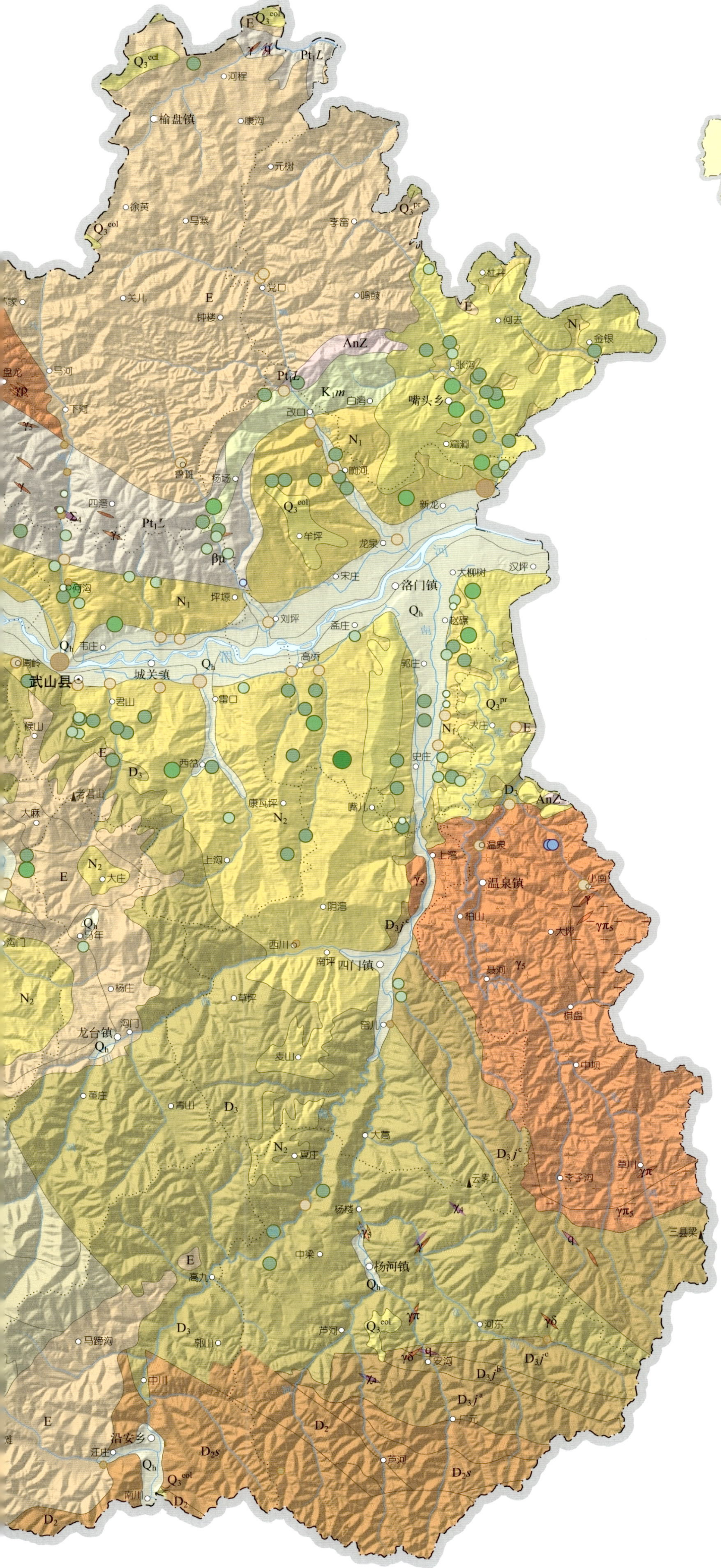

武山县在天水市的地理位置

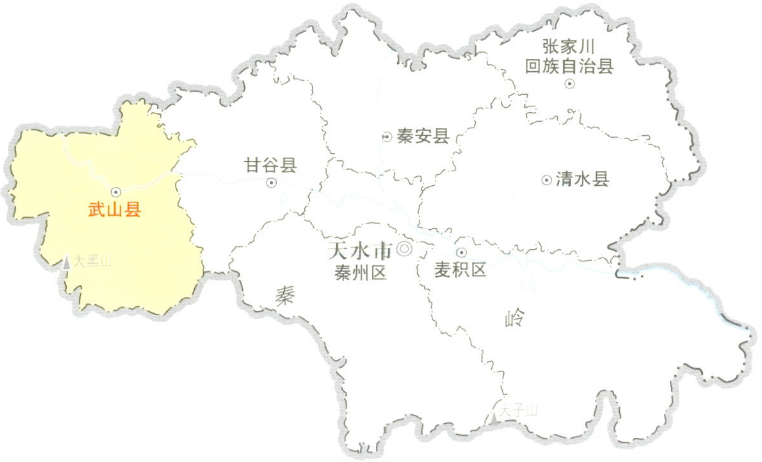

武山县车川村滑坡

武山县城关镇雷口村泥石流

武山县温泉乡蔡家河泥石流

地质灾害点

- 崩塌（中型）
- 崩塌（小型）
- 滑坡（巨型）
- 滑坡（特大型）
- 滑坡（大型）
- 滑坡（中型）
- 滑坡（小型）
- 泥石流（巨型）
- 泥石流（大型）
- 泥石流（中型）
- 泥石流（小型）
- 不稳定斜坡（中型）
- 不稳定斜坡（小型）

天水市张家川回族自治县地质灾害分布图

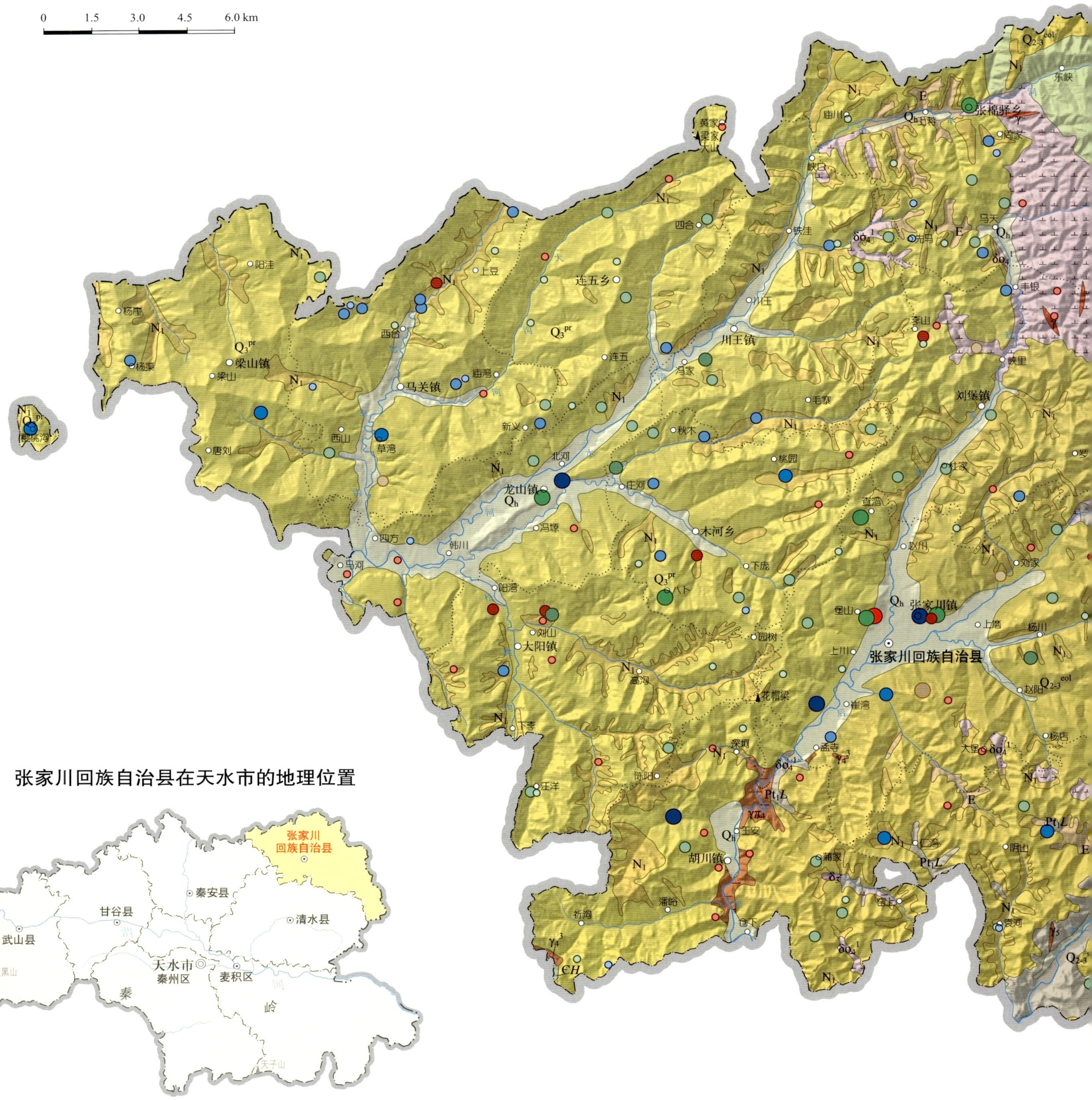

张家川回族自治县在天水市的地理位置

张家川回族自治县位于天水市西北部，辖区内已查明地质灾害点196个，其中滑坡91个，占比约46.4%；崩塌46个，占比约23.5%；泥石流7个，占比约3.6%；不稳定斜坡52个，占比约26.5%。地质灾害规模以小型和中型为主，合计占比约91.8%；大型地质灾害占比约8.2%。县域内地质灾害分布主要受区域地形地貌和河流沟谷控制，沿南河、北河、川王河等河流及其支流两岸呈散点状分布。县域内除马鹿镇地质灾害不发育以外，其余各乡镇地质灾害分布较为均匀。在地貌单元分布方面，县域东部及东南部中低基岩山区地质灾害不发育，人口稀少，危害较轻；基岩山区边缘斜坡地带和西部黄土墚峁区的地质灾害以黄土崩塌和不稳定斜坡为主，危害较为严重。

张家川回族自治县滑坡规模以小型和中型为主，占比约85.8%，多沿小型支流和村庄呈散点状分布；大型滑坡主要沿南河、北河、川王河等沟谷两侧呈线状分布，其中张家川县城、龙山镇、恭门镇、闫家乡、张棉驿乡等地滑坡灾害相对较发育，地貌属于构造剥蚀中低山–黄土墚峁区。崩塌灾害规模以小型和中型为主，黄土崩塌主要分布在河流及其支沟黄土墚峁区，尤其在河流高阶地前部更为发育，也有部分沿交通干线分布；基岩崩塌在县域内不发育。泥石流规模以中型和大型为主，占比约85.7%，主要沿河谷支沟两岸呈散点状分布，在张家川县城、梁山镇、闫家乡和刘堡乡等地较为集中。不稳定斜坡规模以小型和中型为主，占比约76.9%，主要沿河流支沟两侧分布，少数沿交通干线发育，地貌属于低山–黄土墚峁区。

张家川回族自治县某县道老滑坡复活变形

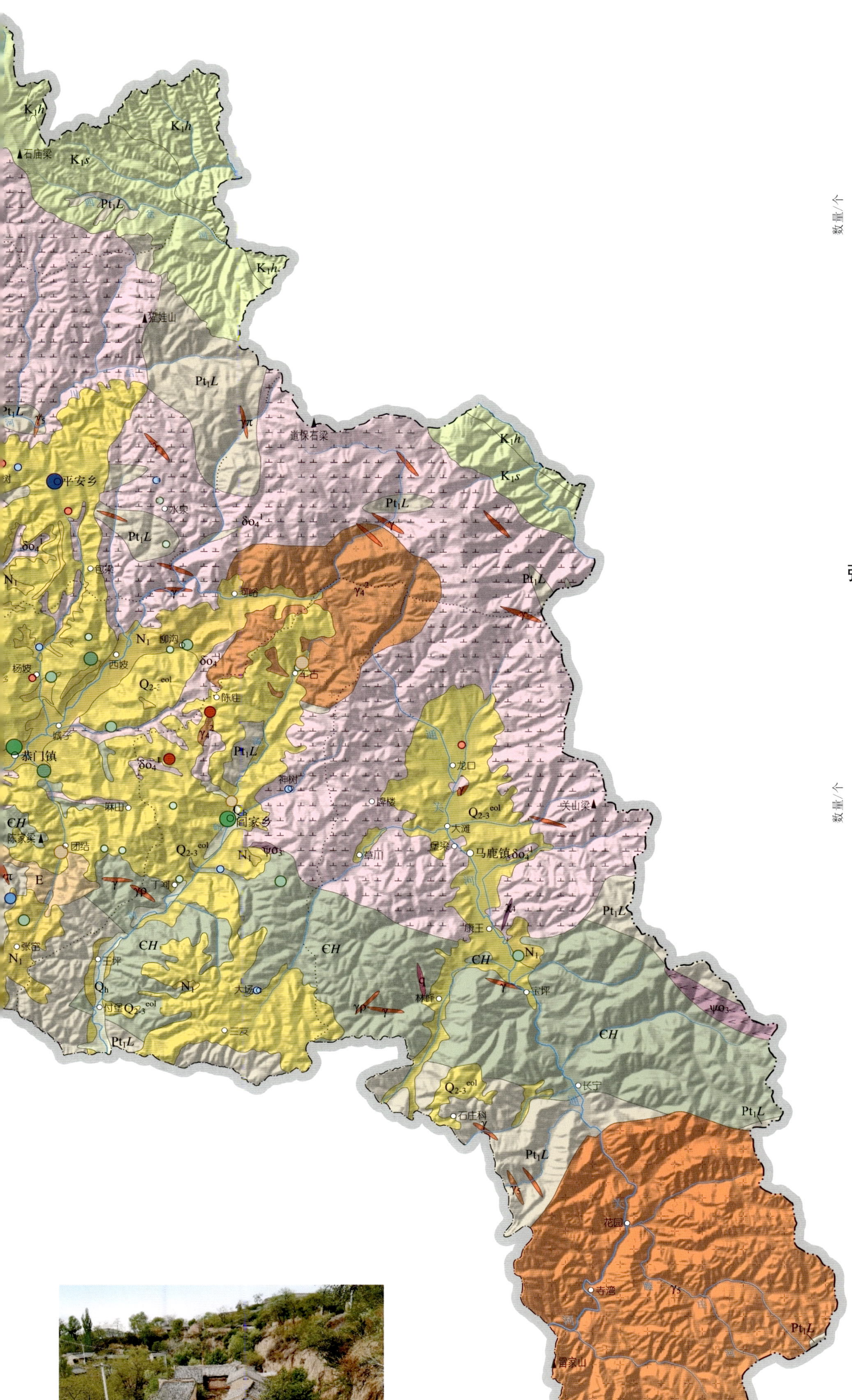

张家川回族自治县地质灾害类型数量统计

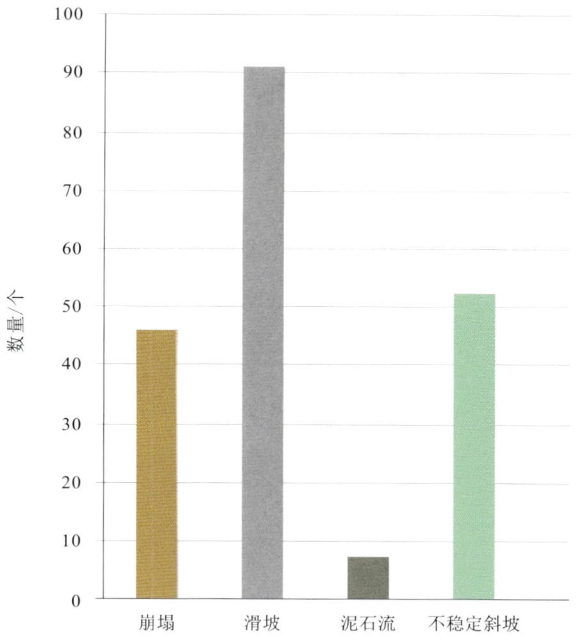

名称	数量/个			
	崩塌	滑坡	泥石流	不稳定斜坡
张家川回族自治县	46	91	7	52

张家川回族自治县各规模地质灾害数量统计

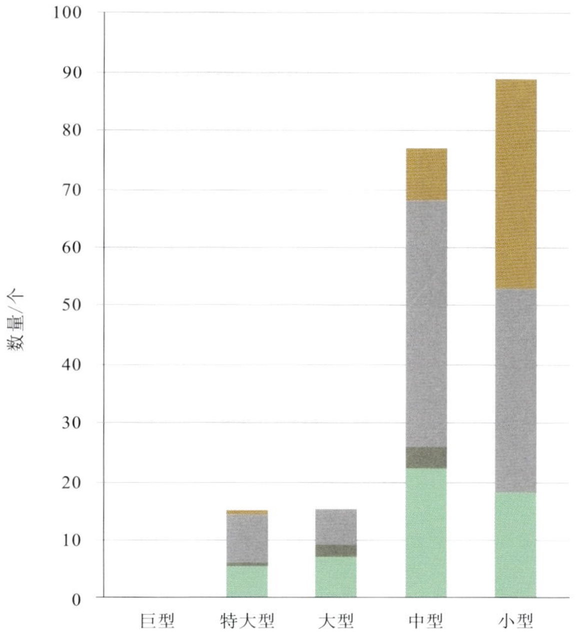

地质灾害类型	数量/个				
	巨型	特大型	大型	中型	小型
崩塌	—	1	—	9	36
滑坡	—	8	6	42	35
泥石流	—	1	2	4	—
不稳定斜坡	—	5	7	22	18

地质灾害点

- 崩塌（特大型）
- 泥石流（特大型）
- 崩塌（中型）
- 泥石流（大型）
- 崩塌（小型）
- 泥石流（中型）
- 滑坡（特大型）
- 不稳定斜坡（特大型）
- 滑坡（大型）
- 不稳定斜坡（大型）
- 滑坡（中型）
- 不稳定斜坡（中型）
- 滑坡（小型）
- 不稳定斜坡（小型）

张家川回族自治县前咀村黄土崩塌

天水市崩塌分布图

天水市已查明崩塌204个，以黄土崩塌为主，发育少量岩质崩塌；主要由降水、地震及人类活动触发。各区县以秦安县崩塌最多，共有51个，占比约25.0%；其次为张家川回族自治县，崩塌共46个，占比约22.5%；甘谷县、清水县崩塌均为34个，占比约16.7%；麦积区崩塌为28个，占比约13.7%；秦州区、武山县崩塌数量最少，分别有6个和5个，占比约为2.9%和2.5%。天水市崩塌规模以小型和中型为主，分别为51个和140个，占比分别为25.0%和68.6%；而大型、特大型和巨型崩塌分别有8个、1个和4个，总占比仅为6.4%，巨型崩塌仅分布于甘谷县，特大型崩塌在张家川回族自治县有分布。

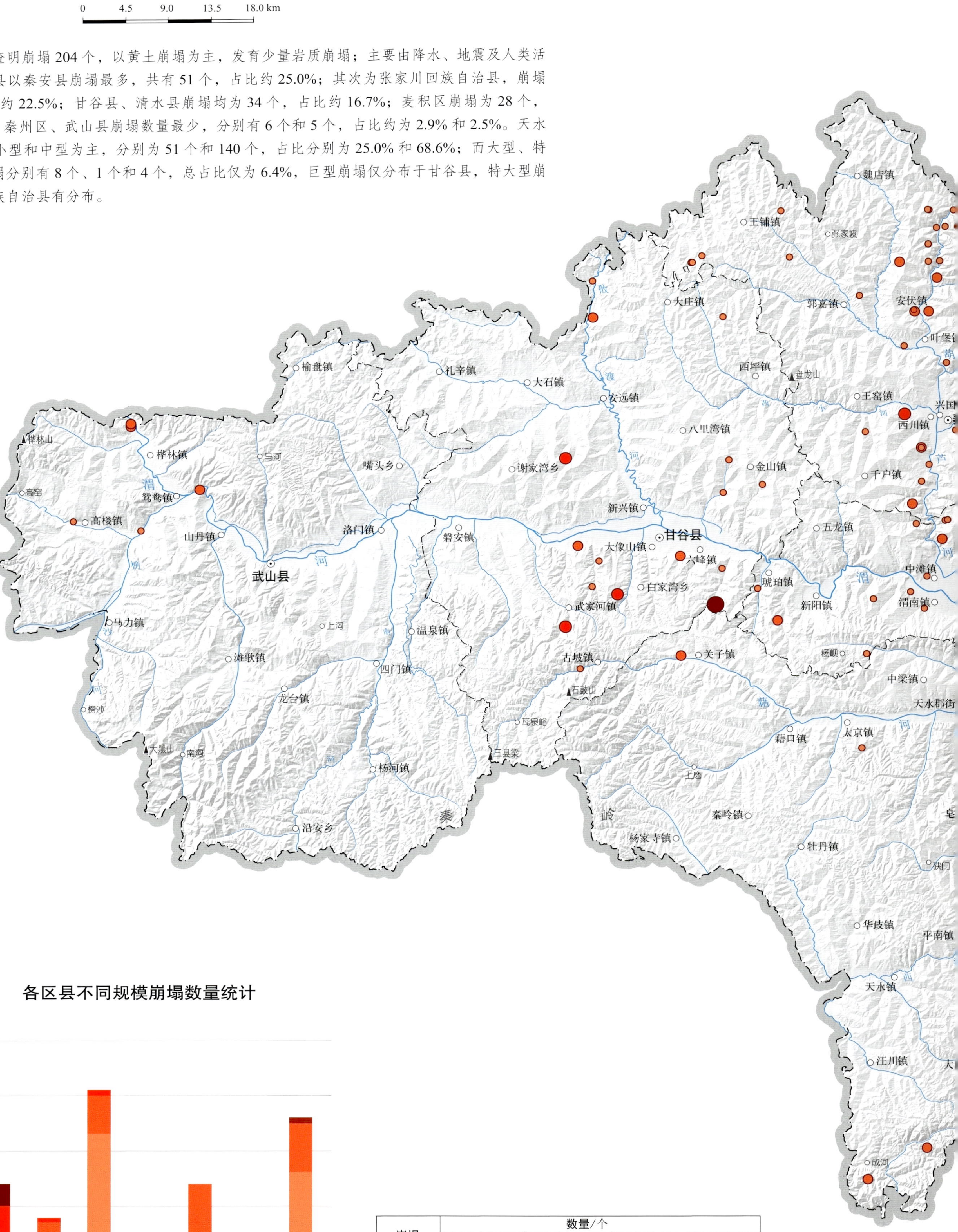

各区县不同规模崩塌数量统计

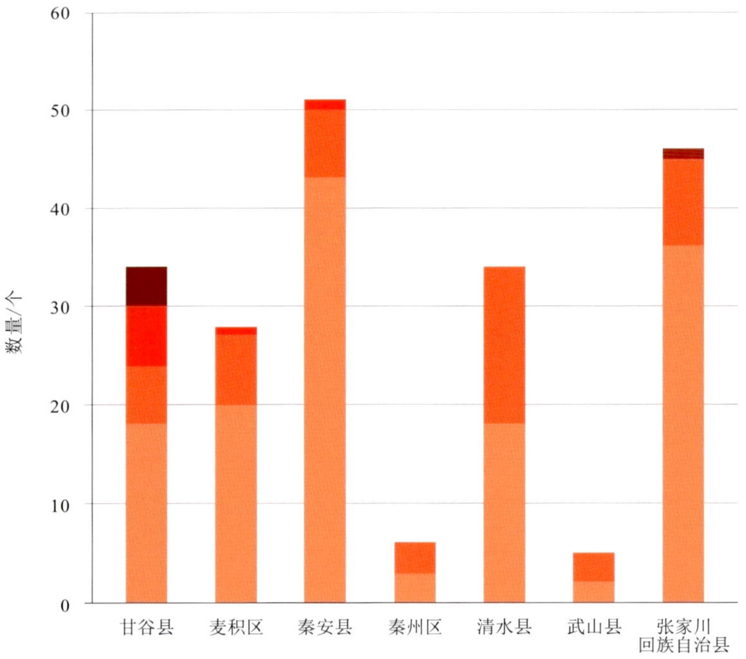

崩塌规模	数量/个						
	甘谷县	麦积区	秦安县	秦州区	清水县	武山县	张家川回族自治县
巨型	4	—	—	—	—	—	—
特大型	—	—	—	—	—	—	1
大型	6	1	1	—	—	—	—
中型	6	7	7	3	16	3	9
小型	18	20	43	3	18	2	36

崩塌各区县数量占比

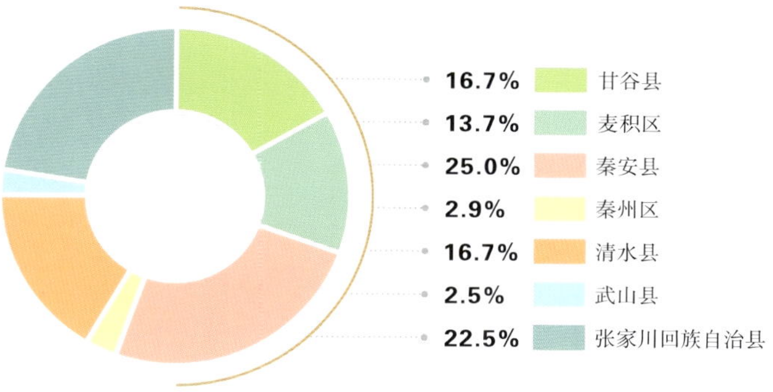

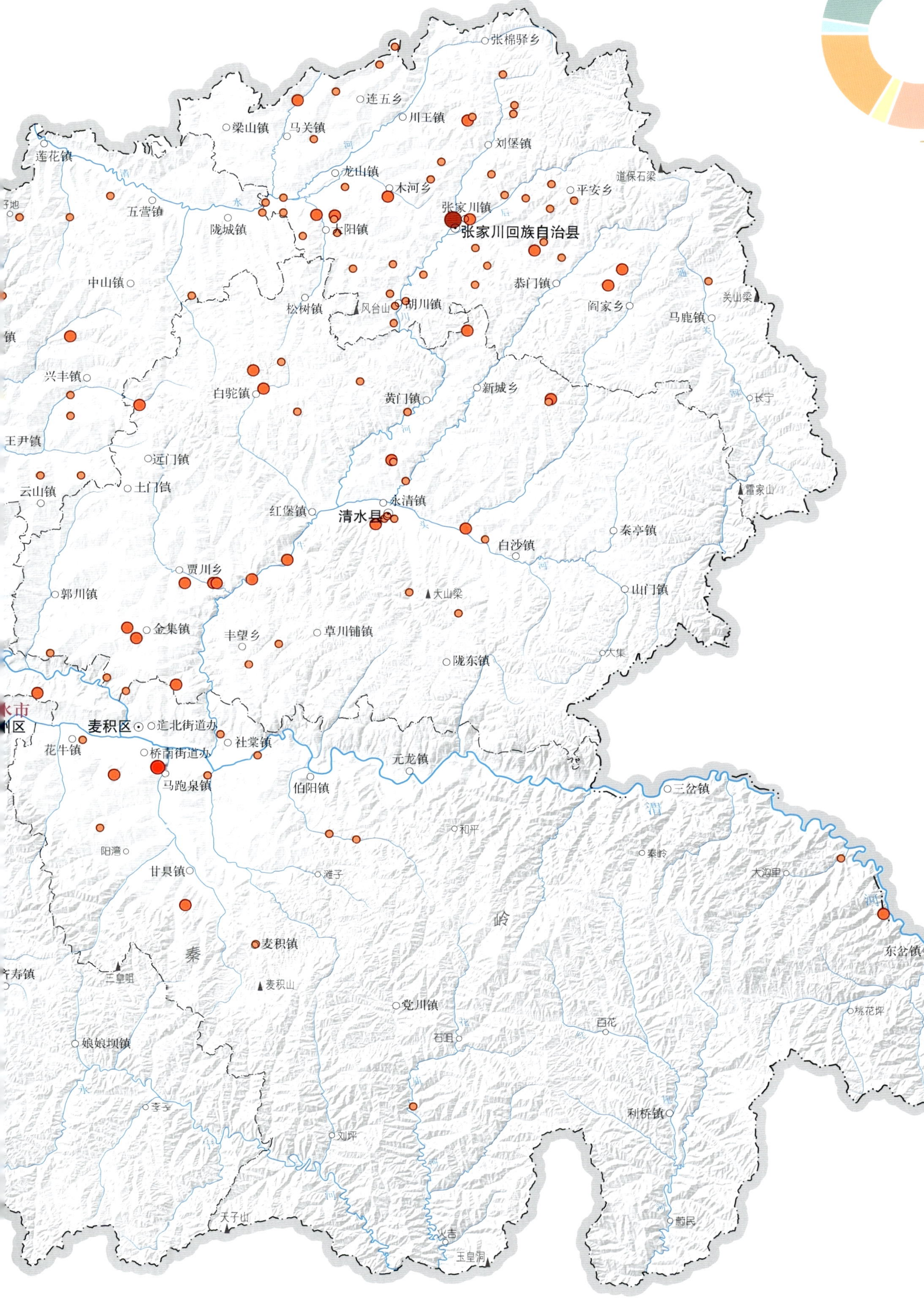

华盖寺崩塌全貌

华盖寺崩塌堆积体

华盖寺崩塌位于黄土丘陵区，为基座阶地边坡。崩塌岩性为黄土和古近系砂砾岩，垂直节理发育，为天然形成的陡坎。该崩塌为一老崩塌体，2008 年 5 月因地震活动造成顶部黄土形成高位滑坡，然后落在陡坎下部形成崩塌，淤埋国道 316，造成公路交通中断，毁农田 32 亩（1 亩≈666.667m^2）。崩塌发生后，后缘坡顶形成了拉裂缝，宽 0.1～0.2 m。由于黄土垂直裂隙极为发育，坡体已经形成贯通裂缝，目前崩塌处于不稳定状态，建议采取排水、加固、立警示牌等措施，同时加强汛期的监测和排查，以预防更大灾害的发生。

天水市滑坡分布图

天水市是我国黄土滑坡发育最为典型的地区之一，全市已查明滑坡 1044 个，约占全市地质灾害总数的 57.8%。辖区内滑坡分布广泛，除麦积区东南部及武山县南部秦岭山区外，在全区黄土墚峁地区均有分布，主要集中在渭河及其支流两岸和西秦岭北缘断裂带沿线，受到活动构造的控制作用明显。天水市各区县滑坡分布占比具有一定差异性，滑坡数量和占比以甘谷县（228 个，占比约 21.8%）为最高，其后依次为麦积区（170 个，占比约 16.3%）、武山县（165 个，占比约 15.8%）、清水县（162 个，占比约 15.5%）、秦州区（138 个，占比约 13.2%）、秦安县（90 个，占比约 8.6%）和张家川回族自治县(91 个，占比约 8.7%) 较少。

天水市多年来深受滑坡之害，尤其是近 20 年来市区滑坡多发、频发。其中，天水锻压机床厂滑坡是甘肃省历史记载直接经济损失最严重的一次滑坡灾害，直接经济损失达 2067 万元；秦州区北山椒树湾、王家半坡滑坡危及十几家单位和近万人安全；天水境内陇海铁路、G30、316 国道也受到多处滑坡威胁。

各区县不同规模滑坡数量统计

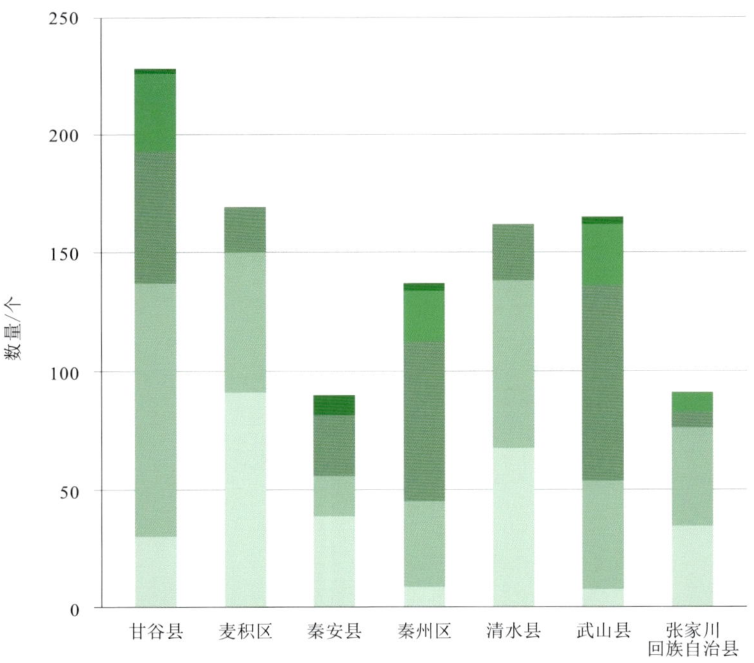

麦积区牛北公路滑坡

2011 年 9 月 12 日，国道 310 甘肃天水市麦积区潘集寨大桥东约 100 m 牛北路处发生山体滑坡，由于事发当时没有车辆经过，此次灾害未造成人员伤亡。

滑坡规模	数量/个						
	甘谷县	麦积区	秦安县	秦州区	清水县	武山县	张家川回族自治县
巨型	2	—	8	4	—	3	—
特大型	33	—	—	21	—	26	8
大型	55	20	26	67	23	82	6
中型	107	58	17	37	71	46	42
小型	31	92	39	9	68	8	35

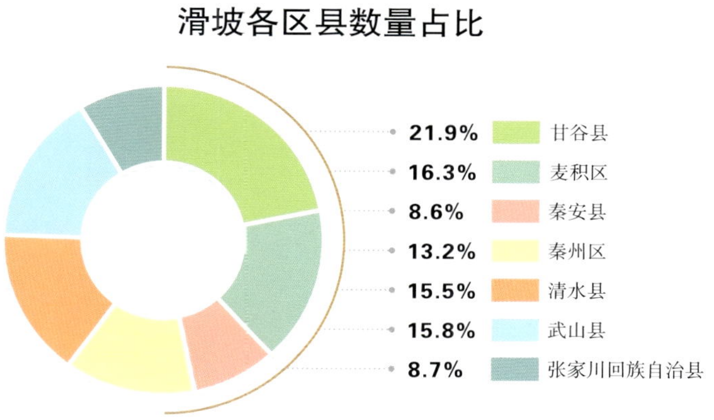

天水锻压机床厂滑坡

天水锻压机床厂滑坡位于麦积区陇海线铁路北侧斜坡上。在工程切坡、降雨和灌溉等因素诱发作用下，该滑坡于1990年8月11日发生滑动，导致锻压机床厂西半部分六个车间被毁，七名职工被埋，损毁坡上公路超过1000 m，造成了重大生命财产损失。滑坡长约350 m，宽300~400 m，平均厚度约20 m，体积约1.4×10^6 m^3，滑坡体主要由次生黄土组成，滑带位于黄土与泥岩接触面附近，属大型黄土接触面滑坡。该滑坡于1990年、2014年局部发生变形；目前处于欠稳定状态，如遇地震或强降雨等作用，仍有可能再次发生变形或复活。

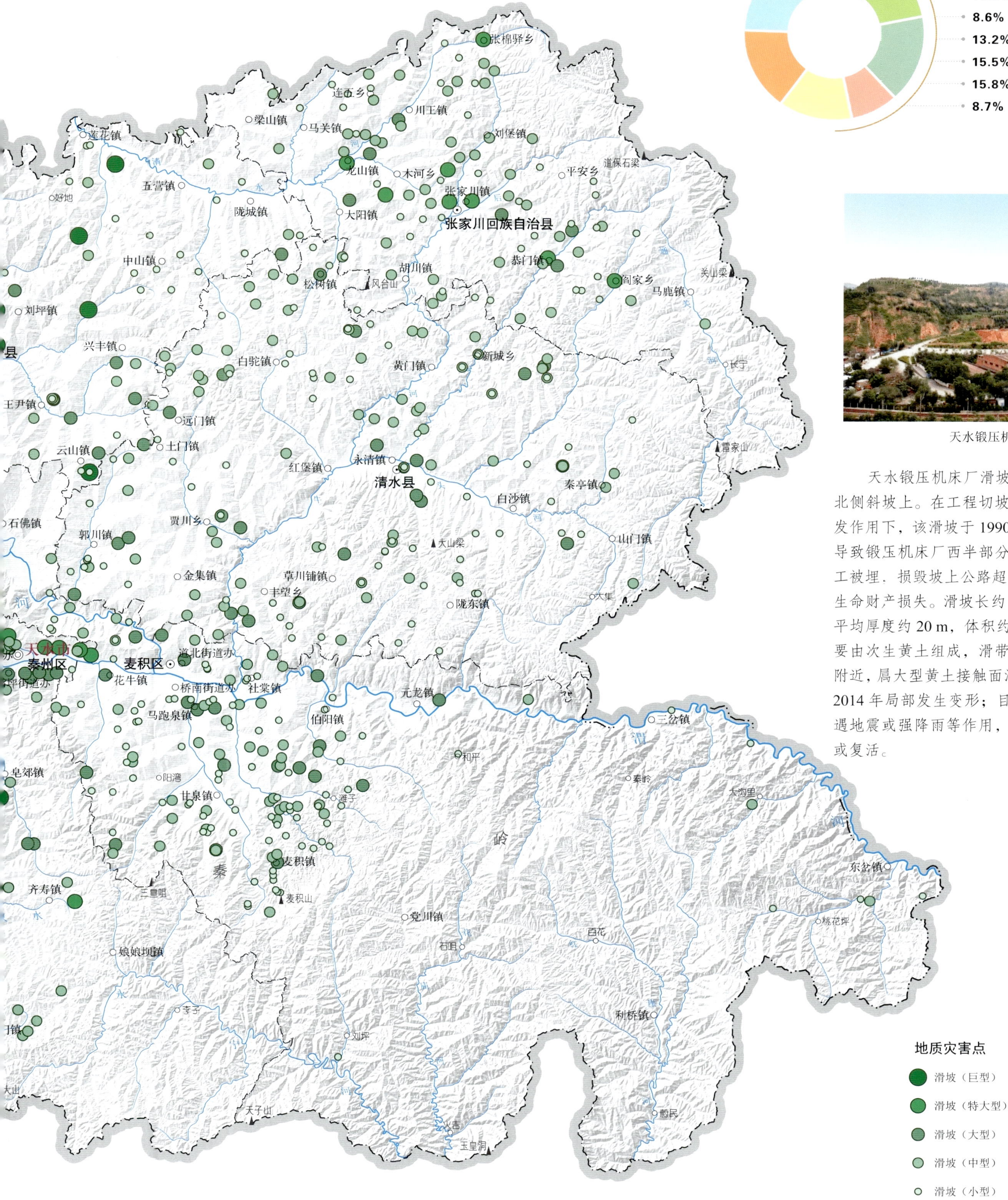

榆树坡滑坡位于麦积区伯阳镇韩河村和南河村之间，距离韩河村200 m处的榆树坡。受持续强降雨、甘肃岷县6.6级地震及坡脚不合理的人工开挖等综合作用，2013年7月29日已有的老滑坡复活，形成宽100~190 m，长约200 m，厚约50 m，体积约1.35×10^6 m^3的大型滑坡，滑体岩性为砂质泥岩和黄土，滑坡堆积体堵塞毛峪河河道，并压埋河道西侧韩河村至南河村公路，造成公路中断，形成堰塞体，河道水位最高处抬升约14 m，堰塞湖库容约35万m^3。堰塞体威胁下游的韩河村、下河村，以及上游南河村、巩坪村406户村民的生命财产安全。

麦积区伯阳镇榆树坡滑坡及堰塞体

天水市北山滑坡分布及孕灾背景图

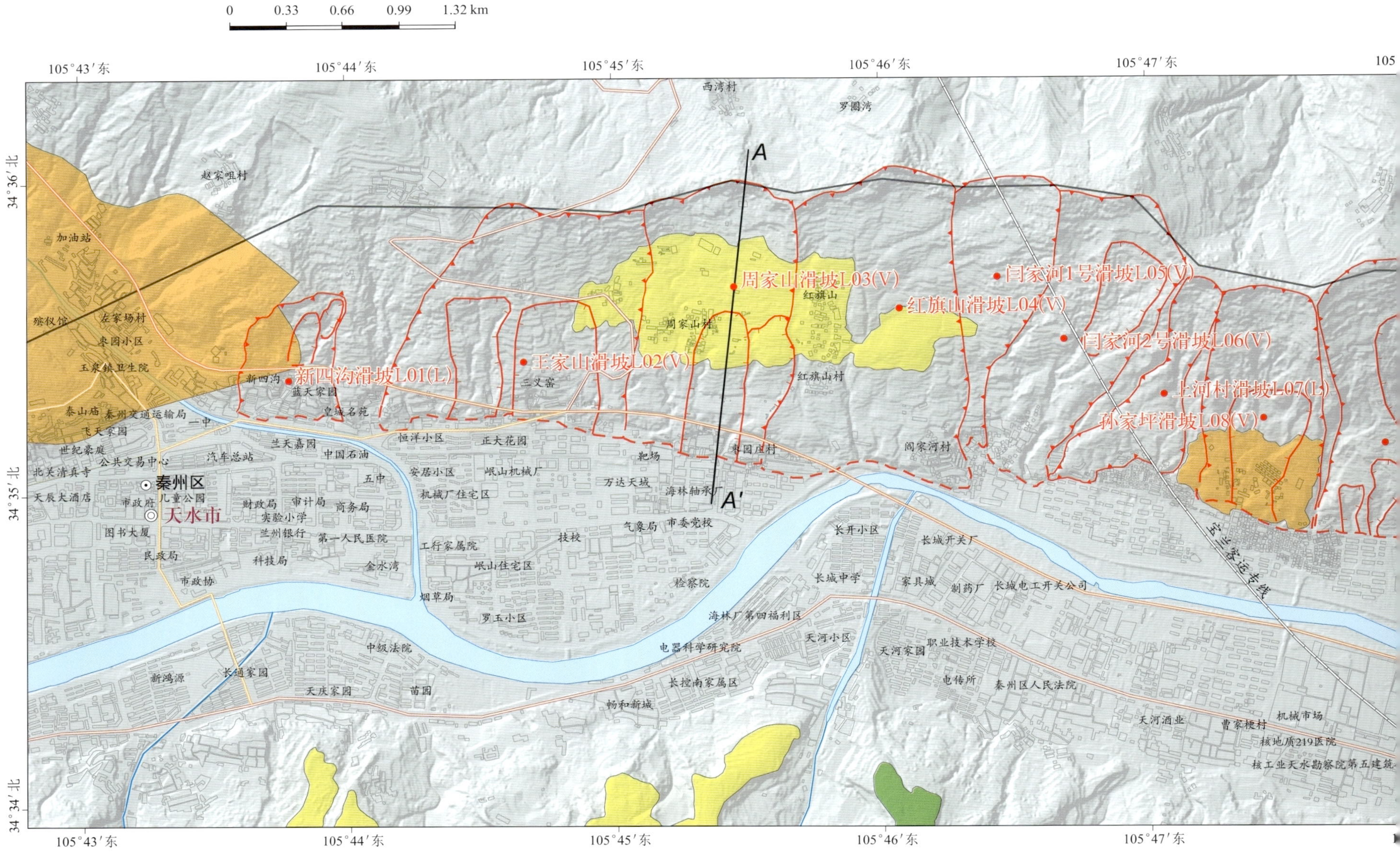

滑坡名称	编号	东经/(°)	北纬/(°)	乡镇	面积/m^2	体积/万m^3	规模	厚度分类	威胁人数/人	威胁财产/万元	视摩擦角/(°)	主要诱因
新四沟滑坡	L01(L)	105.73	34.59	玉泉镇	385116	770.23	大型	中层滑坡	400	1000	14.70	降雨
王家山滑坡	L02(V)	105.74	34.59	玉泉镇	1835360	3670.72	特大型	中层滑坡	300	1300	11.46	地震
周家山滑坡	L03(V)	105.76	34.59	玉泉镇	1402440	4207.32	特大型	深层滑坡	310	1100	10.74	地震
红旗山滑坡	L04(V)	105.77	34.59	玉泉镇	1781520	5344.56	特大型	深层滑坡	500	3000	11.77	地震
闫家河1号滑坡	L05(V)	105.77	34.59	玉泉镇	641221	1923.66	特大型	深层滑坡	650	4000	12.68	地震
闫家河2号滑坡	L06(V)	105.78	34.59	玉泉镇	1117570	3352.71	特大型	深层滑坡	400	3000	12.69	地震
上河村滑坡	L07(L)	105.78	34.59	玉泉镇	417043	834.09	大型	中层滑坡	150	250	15.65	地震
孙家坪滑坡	L08(V)	105.79	34.59	玉泉镇	922314	1844.63	特大型	中层滑坡	460	650	14.98	地震
县家路滑坡	L09(V)	105.80	34.59	玉泉镇	1136220	2272.44	特大型	中层滑坡	200	150	14.16	地震
肖庄村滑坡	L10(V)	105.81	34.59	花牛镇	2372310	11861.55	特大型	深层滑坡	420	450	12.75	地震
赵集寨滑坡	L11(V)	105.82	34.58	花牛镇	1102990	2757.48	特大型	深层滑坡	100	150	12.92	地震
水眼寨滑坡	L12(V)	105.83	34.58	花牛镇	2417900	6044.75	特大型	深层滑坡	600	1800	11.76	地震
靳家庄滑坡	L13(V)	105.85	34.58	花牛镇	1055300	2638.25	特大型	深层滑坡	1000	5000	11.69	地震
峡口沙场滑坡	L14(L)	105.87	34.58	花牛镇	484208	968.42	大型	中层滑坡	30	150	18.65	人工
天水锻压机床厂滑坡	L15(L)	105.87	34.57	花牛镇	92400	277.20	大型	深层滑坡	148	1200	16.37	人工

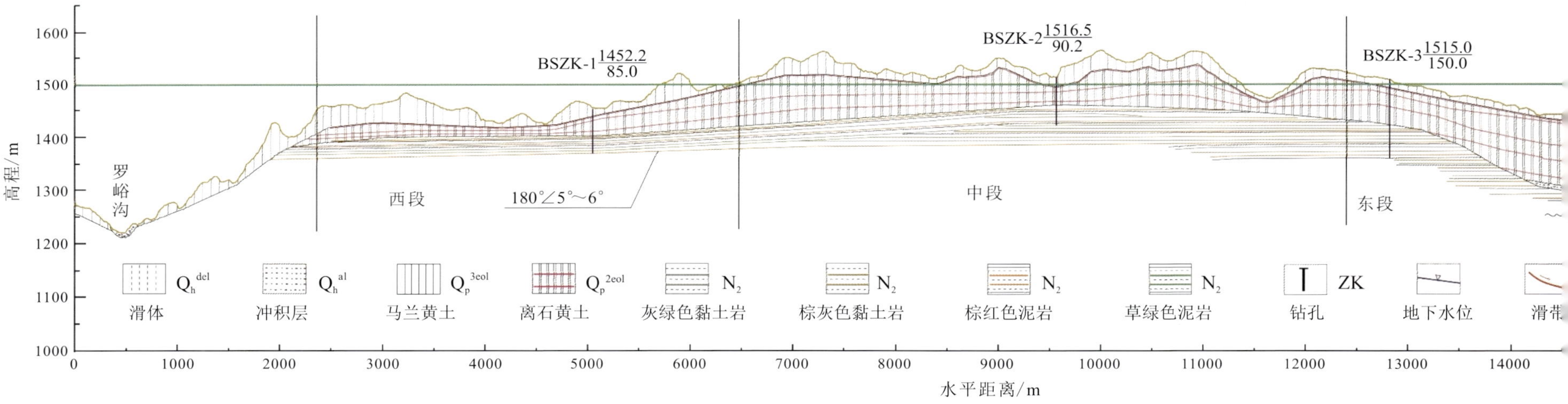

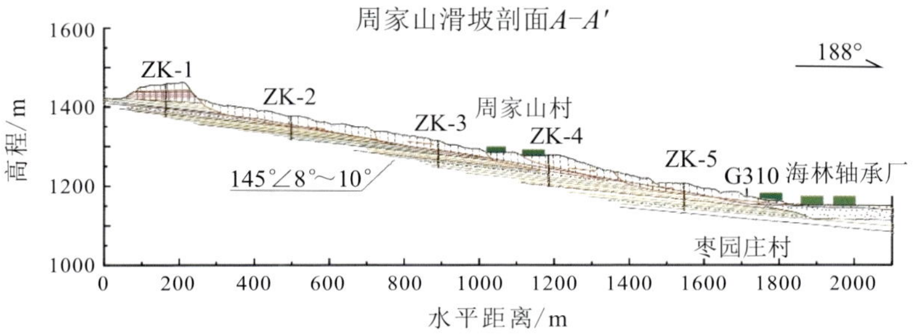

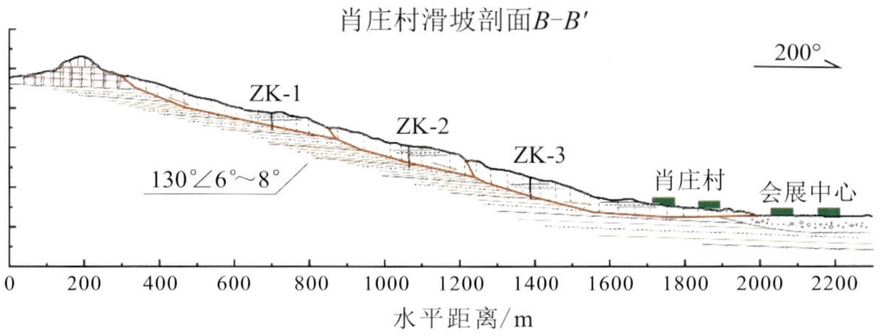

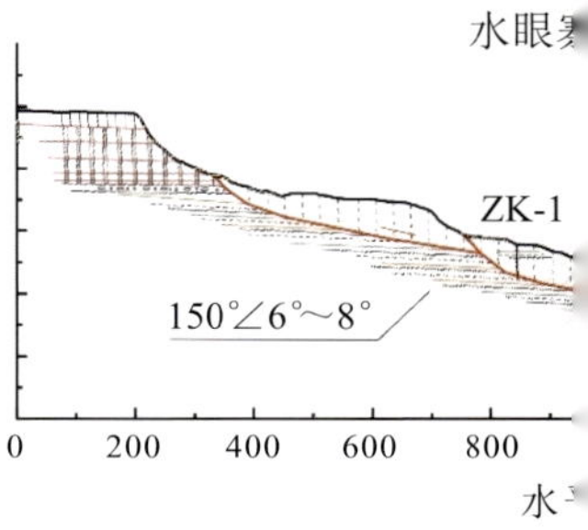

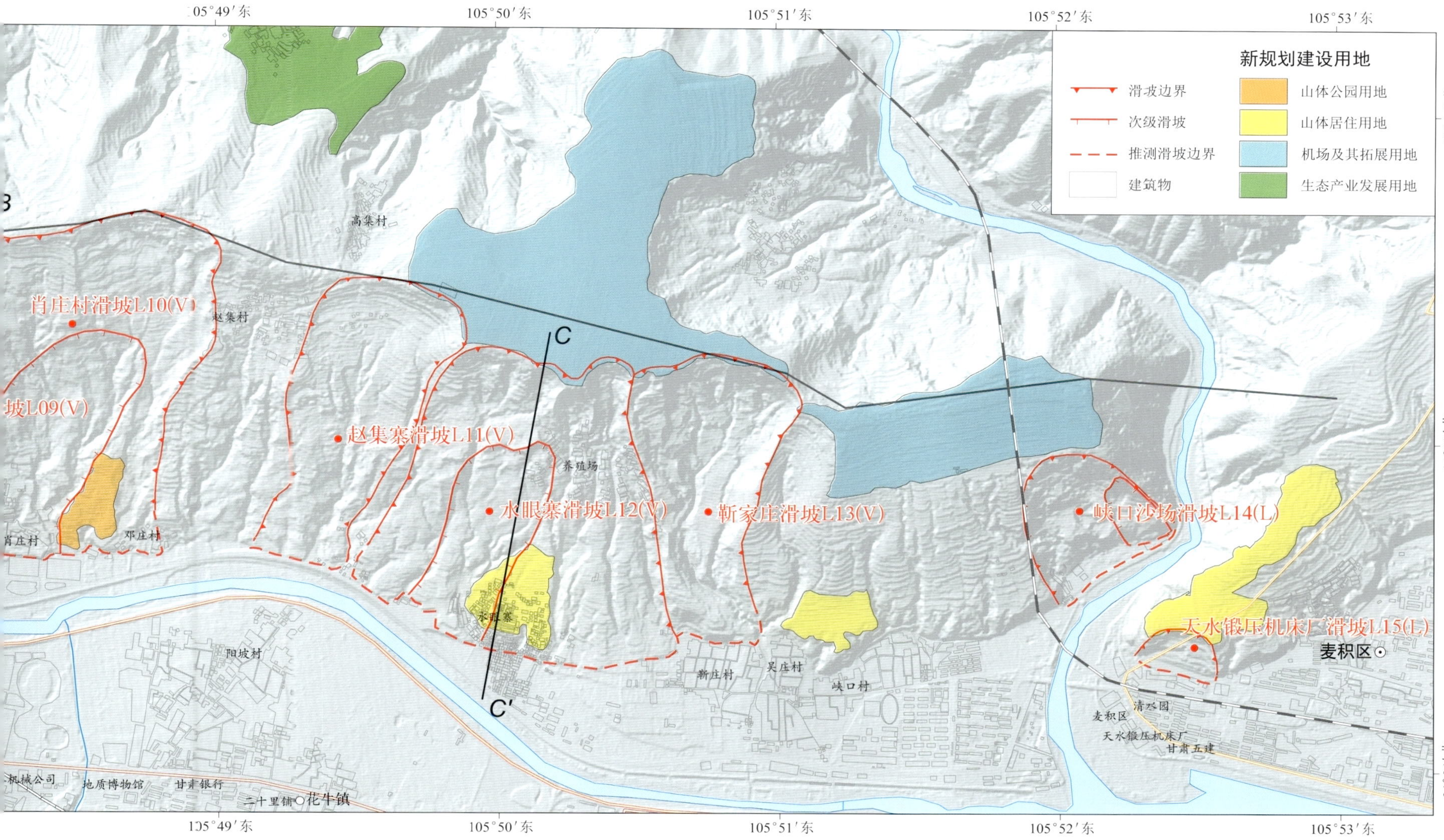

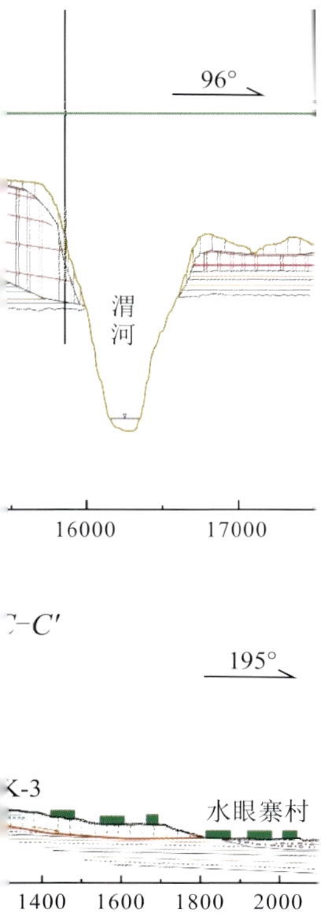

天水市北山斜坡带（罗峪沟口至渭河峡口）已查明滑坡灾害 15 处，主要为中–深层滑坡，滑体平均厚度为 20~50 m。区内发育大型黄土滑坡三处，主要为降雨和人类工程活动诱发；发育黄土–泥岩滑坡 12 处，规模以特大型为主，推断主要为历史强震诱发。该滑坡带威胁北山居住区、公园和生态产业发展等规划用地安全，涉及居民约 5670 人、财产约 2.3 亿元，总体风险较高。

天水市北山滑坡呈群带状分布，具有多级旋转–平移、多期滑动的鲜明特征。滑动带多发育在新近系泥岩软弱夹层中，部分发育在泥岩顶部强风化带中。滑坡长 1250~1900 m，前后缘高差为 250~430 m，等效摩擦角 10°~16°，主滑方向 175°~205°。滑坡后壁一般保存完好，相邻滑坡侧壁在多期活动改造作用下，形态已不易分辨。滑坡勘查揭示，天水市北山地层结构主要由上覆第四系黄土和下伏新近系尧店组泥岩、黏土岩（斑马层）组成；坡体结构类型为缓倾顺向岩土复合型斜坡。综合考虑黄土厚度、下伏泥岩结构特征、滑坡等效摩擦角、滑坡主滑壁特征等因素，将天水北山坡体结构自西向东分为三段，具体特征如下：

（1）西段（皇城村至闫家河村）滑坡长 1270~1810 m，后缘高程为 1440~1522 m，前后缘高差为 258~377 m，平均等效摩擦角约为 11.6°，主滑壁高 40~60 m；该段黄土层厚 35~50 m，其中马兰黄土厚 10~20 m，下伏新近系尧店组主要为棕红色泥岩夹灰绿色黏土岩。周家山滑坡为该段斜坡发育的典型滑坡，滑面发育在灰绿色黏土岩软弱夹层中。

（2）中段（闫家河村至赵集村）滑坡长 1357~1908 m，后缘高程为 1510~1570 m，前后缘高差为 363~429 m，平均等效摩擦角约为 13.8°，主滑壁高 35~50 m；该段黄土层厚 40~80 m，其中马兰黄土厚 15~20 m，下伏新近系尧店组主要为棕红色泥岩和棕灰色黏土岩互层，局部夹薄层青灰色泥灰岩及灰绿色黏土岩。肖庄村滑坡为该段斜坡发育的典型滑坡，滑面发育在棕灰色黏土岩或灰绿色黏土岩软弱夹层中。

（3）东段（赵集村至峡口村）滑坡长 1610~1699 m，后缘高程为 1460~1511 m，前后缘高差为 338~382 m，平均等效摩擦角约为 12.4°，主滑壁高 60~80 m；该段黄土层厚 100~150 m，其中马兰黄土厚 20~30 m，黄土层下部发育厚 0.5~3 m 的阶地砾石层；下伏新近系尧店组岩性主要为棕红色泥岩和灰绿色黏土岩、钙质泥岩互层，中间夹数层灰绿、棕色砂质泥岩。水眼寨滑坡为该段斜坡发育的典型滑坡，滑面主要发育在泥岩顶部强风化层中。

天水市泥石流分布图

0 4.5 9.0 13.5 18.0 km

天水市是我国泥石流多发的城市之一，曾造成严重的人员伤亡和财产损失。全市已查明泥石流303个，均为暴雨引发的沟谷型泥石流，物源主要为崩塌堆积体以及散布于高程1600~2200 m、坡度大于30°的构造侵蚀中低山区的松散残坡积物。泥石流规模上以中型（145个，占比约47.9%）和小型（131个，占比约43.2%）为主，11个巨型泥石流在甘谷县有8个、武山县有2个、秦州区有1个，1个特大型泥石流发育在张家川回族自治县。在空间分布方面，主要发育在渭河及藉河两岸支沟内，集中在武山县（110个，占比约36.3%）、甘谷县（59个，占比约19.5%）、麦积区（59个，占比约19.5%）和秦州区（47个，占比约15.5%）境内，秦安县、清水县和张家川回族自治县分布较少（合计28个，占比约9.2%）。在天水市各区县中，秦州区泥石流灾害风险相对较高，在市区南北两侧发育20多条泥石流沟谷。罗玉沟历史上曾发生过10余次淹没城市的重大泥石流灾害；目前，不少工业区和人口密集区仍坐落在泥石流堆积扇上，沟口和沟床高于城区形成“水比城高”的危险局面，需重点防范。

各区县不同规模泥石流数量统计

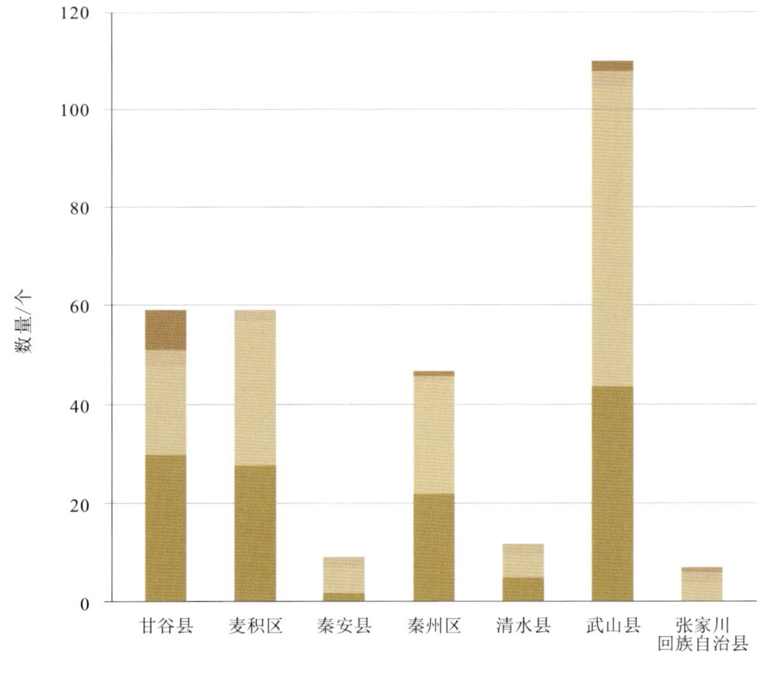

泥石流规模	数量/个						
	甘谷县	麦积区	秦安县	秦州区	清水县	武山县	张家川回族自治县
巨型	8	—	—	1	—	2	—
特大型	—	—	—	—	—	—	1
大型	3	2	2	1	2	3	2
中型	18	29	5	23	5	61	4
小型	30	28	2	22	5	44	—

泥石流各区县数量占比

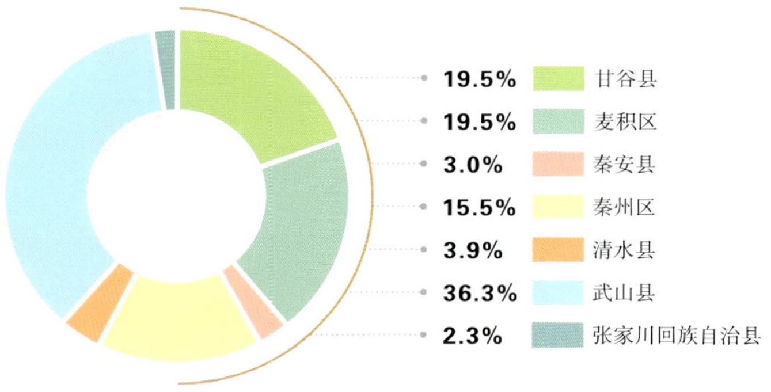

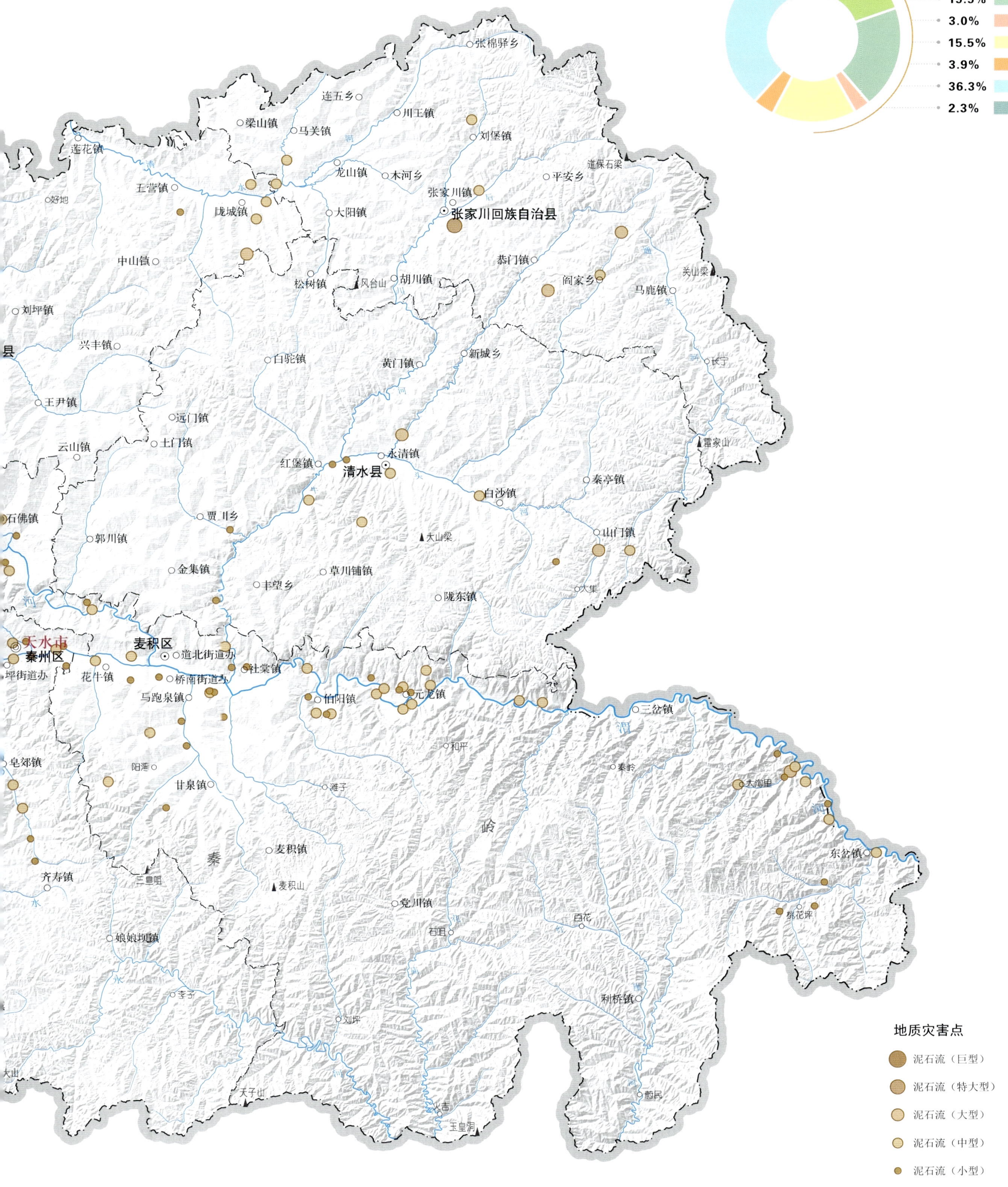

天水大沟泥石流灾害原貌

2013年7月21日，在强降雨作用下，龙大沟村后缘山坡冲沟发生泥石流。沟谷流域面积约0.36 km^2，其后缘最高点高程约1324 m，主沟谷出口处高程约1110 m，相对高差约214 m，主沟谷长约1.4 km，沟床以窄“V”字形沟谷，两侧沟谷平均坡度约65°，主沟床纵比降约208‰。该泥石流沟属于老泥石流沟，2012年由水利部门进行治理，但由于灾害规模增大、拦淤坝库容有限，大量泥流越过已有拦挡坝冲出从大沟村西侧通过，形成区长约900 m，平均宽度约35 m，流通区长约550 m，且沿原拦挡坝向下游200 m转向西，冲毁、淤埋民房137间、村委会三层建设项目楼房44间等，造成直接经济损失约500万元。

天水市“7·25”群发性地质灾害分布图

2013年6月19日起至7月26日，天水市各区县连续经历四次强降雨，尤其是7月25日全市出现大范围强降雨天气，造成了大面积群发性地质灾害。全市共排查地质灾害隐患点1850个，其中滑坡916个、崩塌136个、泥石流475个、不稳定斜坡317个、地裂缝4个、地面沉降2个；其中641个属本次降雨诱发的新增地质灾害点，其余1209个属已有（含加剧）地质灾害点，因强降雨和岷县漳县6.6级地震加剧了其变形破坏。本次群发性山洪地质灾害直接威胁约1.8万户、14.2万人及36亿元财产安全；截至8月1日，因灾死亡24人，失踪1人，倒塌房屋2386间，受损房屋6666间，给全市人民群众生命财产造成了巨大损失。

“7·25”群发性地质灾害情况统计

（单位：个）

灾害类型		甘谷县	麦积区	秦安县	秦州区	清水县	武山县	张家川回族自治县	总计
新增	崩塌	6	22	5	11	20	4	30	98
	不稳定斜坡	4	23	1	4	8	4	43	87
	地裂缝	—	—	—	—	—	1	—	1
	地面沉降	—	1	1	—	—	—	—	2
	滑坡	24	90	7	74	68	39	68	370
	泥石流	4	28	—	29	8	8	6	83
加剧	崩塌	—	—	2	—	—	1	—	3
	地裂缝	—	—	2	—	—	—	—	2
	滑坡	—	—	3	2	—	1	—	6
	泥石流	1	—	1	—	—	—	—	2
已有	崩塌	3	2	3	5	17	5	—	35
	不稳定斜坡	20	56	46	11	39	—	58	230
	地裂缝	—	1	—	—	—	—	—	1
	滑坡	45	23	90	112	74	178	18	540
	泥石流	57	42	98	45	26	110	12	390
总计		164	288	259	293	260	351	235	1850

各区县地质灾害数量统计

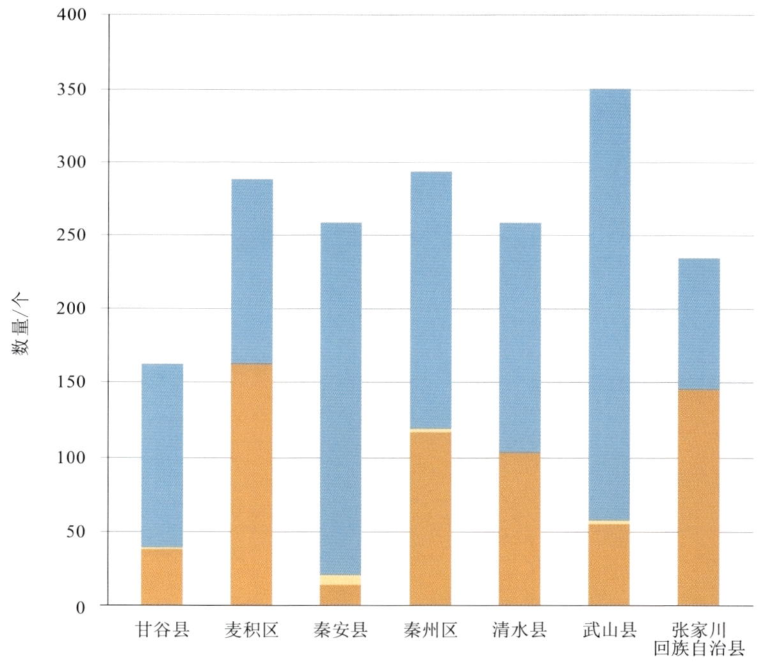

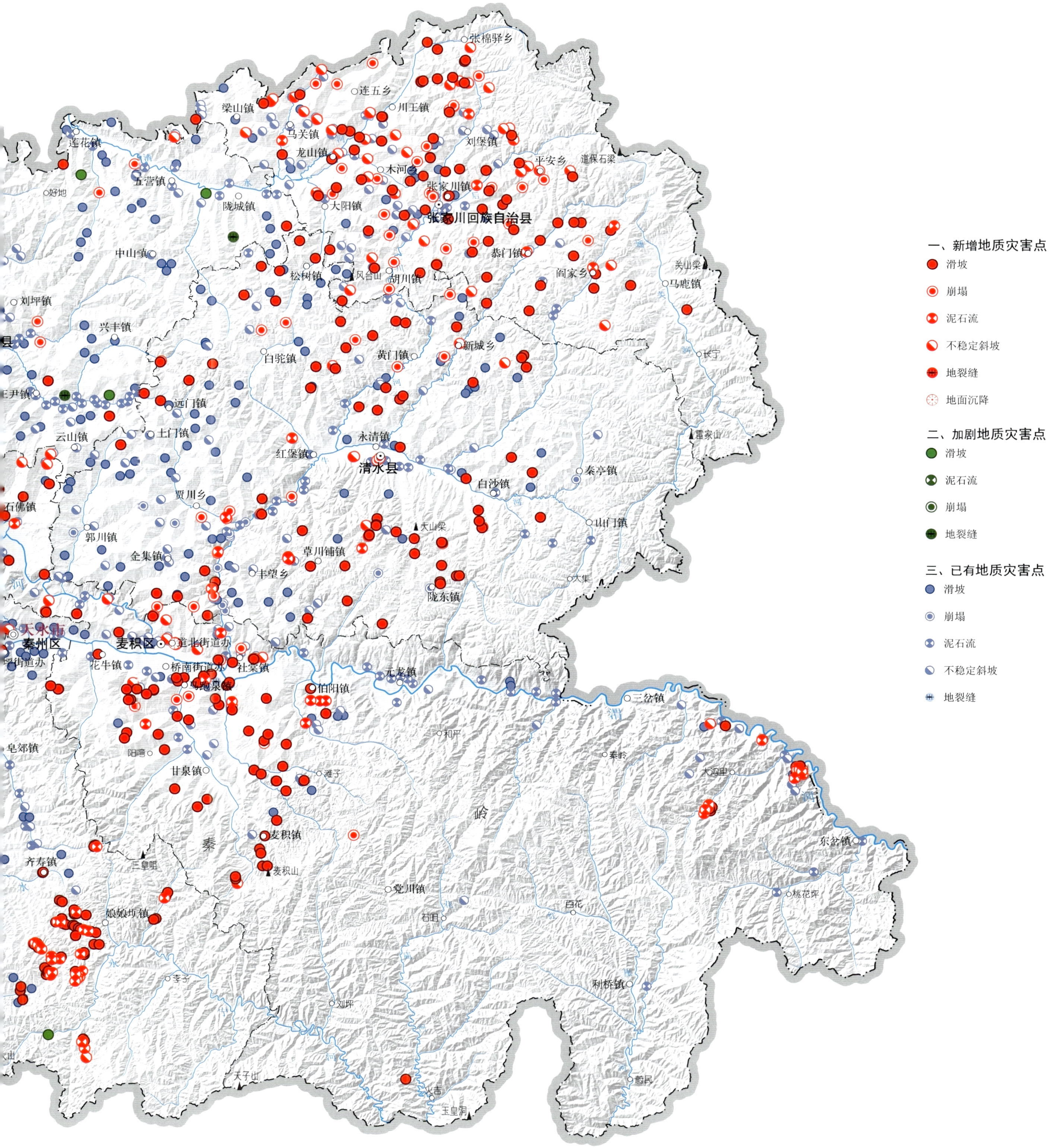

类型	数量/个						
	甘谷县	麦积区	秦安县	秦州区	清水县	武山县	张家川回族自治县
已有	125	124	237	173	156	293	88
加剧	1	—	8	2	—	2	—
新增	38	164	14	118	104	56	147

4 主要承灾体

天水市土地利用现状图

0 4.5 9.0 13.5 18.0 km

天水市土地利用类型主要分为耕地、园地、林地、草地、城镇村及工矿用地、水域用地、未利用土地以及其他用地八种类型。天水市土地利用类型以耕地为主，面积约 7065 km^2，占天水市总面积约 49.09%；其次为林地，面积约 5188 km^2，面积占比约 36.50%。各区县土地利用总体以耕地和林地为主，麦积区土地利用类型以林地为主，面积占比约 67.11%，其次为耕地，面积占比约 20.87%；秦州区土地利用类型以耕地为主，面积占比约 49.33%，其次为林地，面积占比约 42.75%；甘谷县土地利用类型以耕地为主，面积占比约 73.22%，其次为林地，面积占比约 12.40%；秦安县土地利用类型以耕地为主，面积占比约 72.80%，其次为园地，面积占比约 19.64%；清水县土地利用类型以耕地为主，面积占比约 55.69%，其次为林地，面积占比约 36.41%；武山县土地利用类型以耕地为主，面积占比约 45.35%，其次为林地，面积占比约 32.03%；张家川回族自治县土地利用类型以耕地为主，面积占比约 61.81%，其次为林地，面积占比约 22.48%。值得注意的是，仅武山县存在少量未利用土地，其余各区县土地开发利用较高。在新一轮市县国土空间规划中，除加强统筹和优化整体土地利用格局外，还应考虑国土空间规划"留白"和"功能置换"机制，为各类应急设施和场所及应对大型突发公共事件预留足够的空间，保留功能置换的可能性。

各区县不同土地类型面积占比（%）情况

区县名称	耕地	园地	林地	草地	城镇村及工矿用地	水域用地	未利用土地	其他用地
麦积区	20.87	7.59	67.11	3.37	0.97	0.07	0	0.02
秦州区	49.33	2.86	42.75	3.81	0.92	0.33	0	0
甘谷县	73.22	4.58	12.40	7.89	1.68	0.24	0	0
秦安县	72.80	19.64	1.17	5.41	0.90	0.08	0	0
清水县	55.69	0.47	36.41	7.20	0.23	0	0	0
武山县	45.35	0.28	32.03	21.52	0.66	0.09	0.07	0
张家川回族自治县	61.81	0.09	22.48	14.87	0.71	0	0	0.04
天水市总体	49.09	5.15	36.50	8.25	0.86	0.12	0.01	0.01

张棉驿乡
连五乡
川王镇
梁山镇
马关镇
刘堡镇
莲花镇
龙山镇
木河乡
平安乡
五营镇
张家川镇
陇城镇
大阳镇
张家川回族自治县
中山镇
恭门镇
松树镇
风台山
胡川镇
阎家乡
马鹿镇
关山梁
刘坪镇
兴丰镇
秦安县
白驼镇
黄门镇
新城乡
长宁
王尹镇
远门镇
土门镇
云山镇
雷家山
红堡镇
永清镇
清水县
秦亭镇
白沙镇
石佛镇
贾川乡
郭川镇
大山梁
山门镇
金集镇
草川铺镇
丰望乡
陇东镇
天水市
秦州区
麦积区
道北街道办
社棠镇
石马坪街道办
花牛镇
桥南街道办
马跑泉镇
元龙镇
伯阳镇
三岔镇
和平
皂郊镇
阳湾
甘泉镇
滩子
大河店
岭
东岔镇
秦
麦积镇
麦积山
齐寿镇
党川镇
百花
石门
娘娘坝镇
利桥镇
刘坪
天子山
玉皇阁
耕地
园地
林地
草地
城镇村及工矿用地
水域用地
未利用土地
其他用地

天水市POI分布图

0 4.5 9.0 13.5 18.0 km

POI（point of interest）是指地图兴趣点。天水市POI具体包含20余种社会生产生活分布信息，其布局的合理性与城市经济社会发展息息相关，一定程度也可作为地质灾害影响下承灾体暴露度分析的参考依据。基于不同职能类型POI分布特征分析，能够识别城市空间结构是否达到规划预期。基于2019年天水市4165个POI数据分析表明，天水在人为规划引导下，城市空间结构呈现出以秦州区和麦积区为“双中心”，其余五县为“多中心”分布。各级中心发展相对完善，但发育程度及其差异性显著，以武山县和张家川回族自治县中心各类资源配置发展相对滞后，以居住、交通、卫生制造等生活生产资源发育较为成熟，而科学技术、信息技术、文体娱乐等“软件空间”资源配置还在起步阶段。

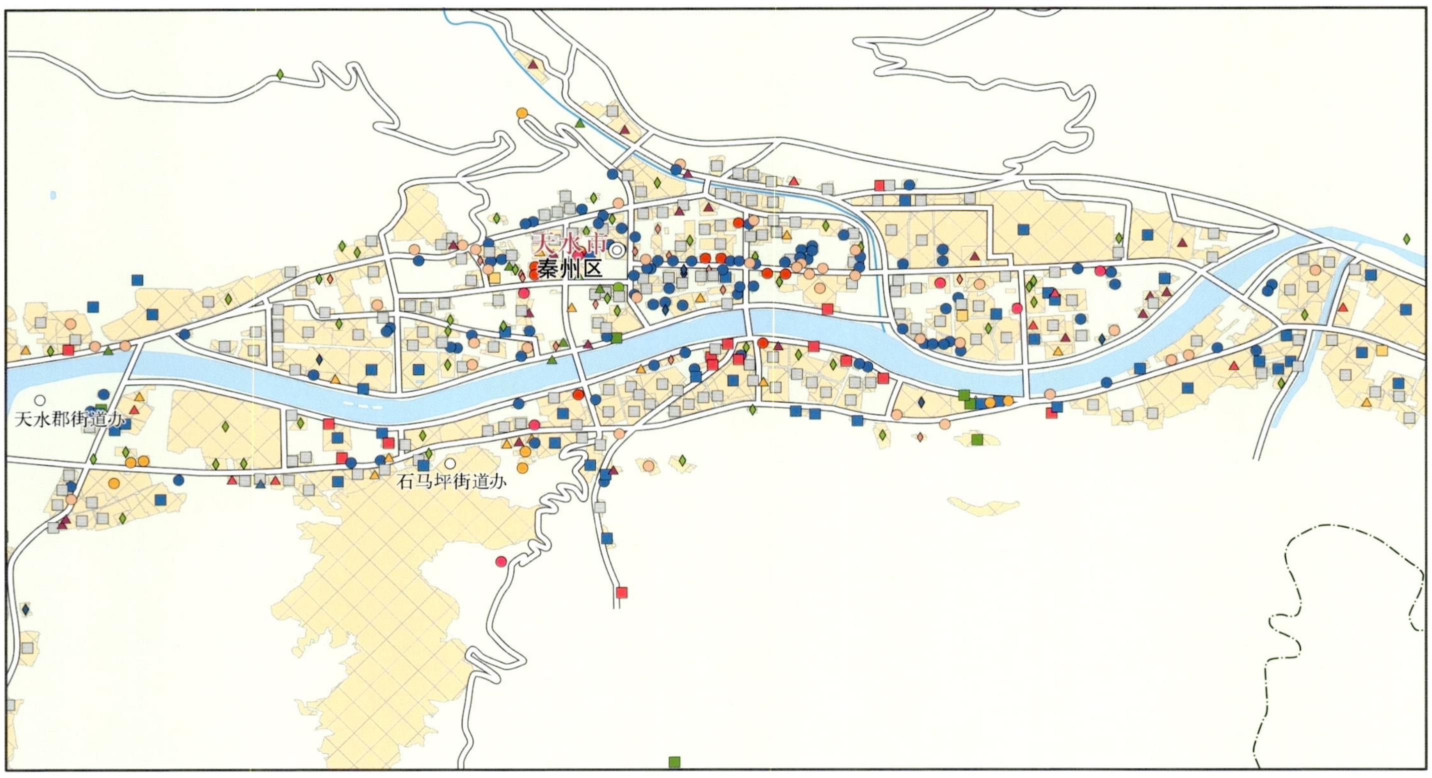

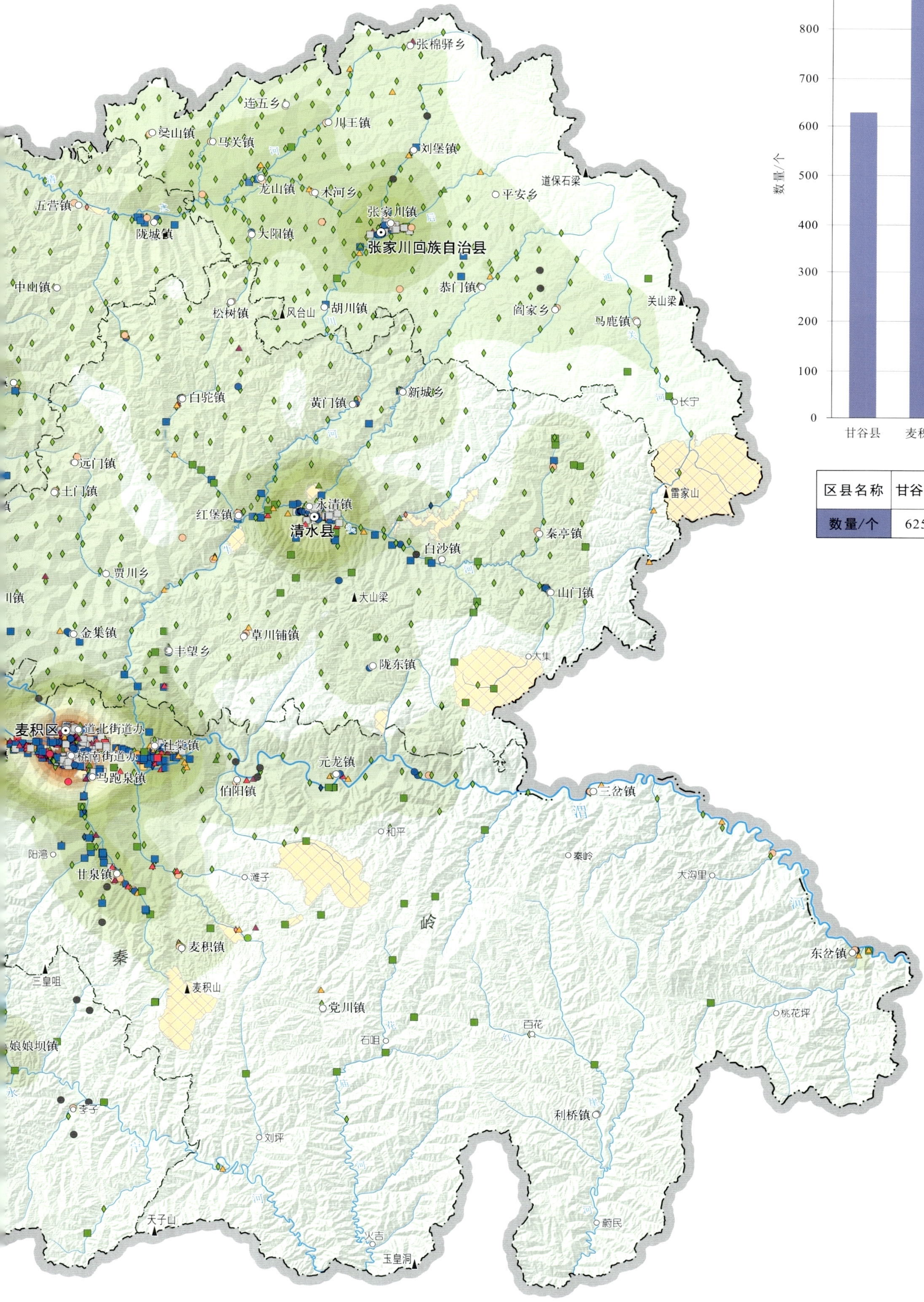

各区县POI数量统计

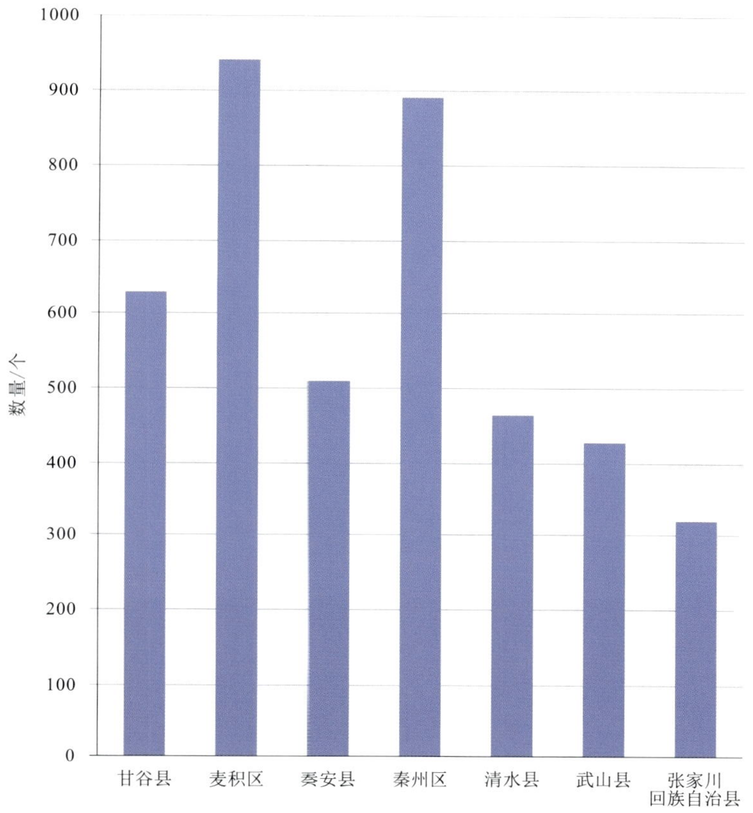

区县名称	甘谷县	麦积区	秦安县	秦州区	清水县	武山县	张家川回族自治县
数量/个	625	939	507	891	462	423	318

不同类型POI数量统计

类型	数量/个
采矿业	29
电力、热力、燃气及水生产和供应业	157
房地产业	2
公共管理、社会保障和社会组织	423
建筑业	34
交通运输、仓储和邮政业	127
教育	1719
金融业	19
居民服务、修理和其他服务业	22
居住区	493
科学研究和技术服务业	46
农、林、牧、渔业	159
批发和零售业	140
水利、环境和公共设施管理业	31
卫生和社会工作	238
文化、体育和娱乐业	39
信息传输、软件和信息技术服务业	16
制造业	455
住宿和餐饮业	7
租赁和商务服务业	9

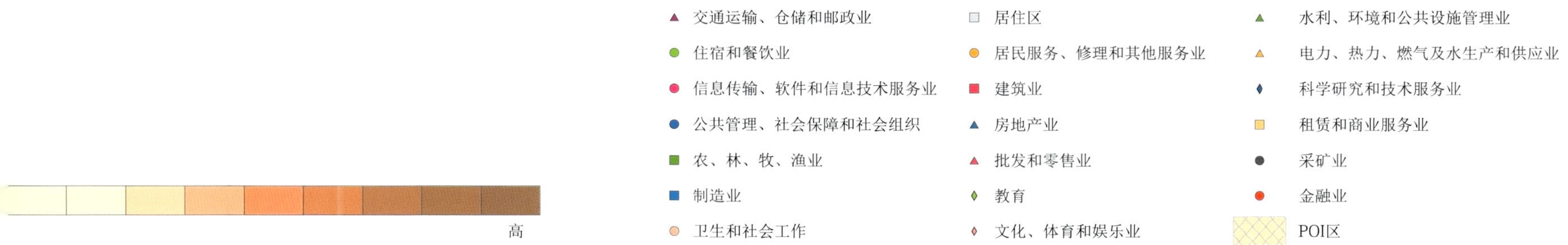

天水市人口及GDP分布图

0 4.5 9.0 13.5 18.0 km

根据第七次人口普查数据，截至2020年11月1日零时，天水市常住人口约为334万人。天水市人口的地理分布特征表现为渭河沿岸及支流河谷地带人口稠密，山区林地人口稀少。其中，秦州区、麦积区、甘肃县和秦安县四个区县人口超过均50万，武山县约44万人，清水县和张家川回族自治县接近30万人。天水市是多民族地区，根据第六次人口普查资料，在全市常住人口中，有34个可识别民族，其中汉族304.7万人，少数民族21.6万人，其中少数民族中回族人数最多，有21.4万人，占少数民族人口的99.1%，其中主要居住在张家川回族自治县。

2019年，全市生产总值632.7亿元，较去年增长6.7%，人均GDP为18819元，其中第一产业114.9亿元，第二产业159.6亿元，第三产业358.2亿元。其中，秦州区和麦积区生产总值分别为197.2亿元和165.4亿元，共占全市生产总值的57.3%，甘谷县73.3亿元、秦安县73.5亿元、武山县60.0亿元、清水县34.6亿元，张家川回族自治县生产总值相对较低，为28.7亿元。2020年，全市生产总值为666.90亿元，同比增长5.2%。其中，第一产业增加值为126.01亿元，增长5.6%；第二产业增加值为161.82亿元，增长4.9%；第三产业为379.06亿元，增长5.1%。

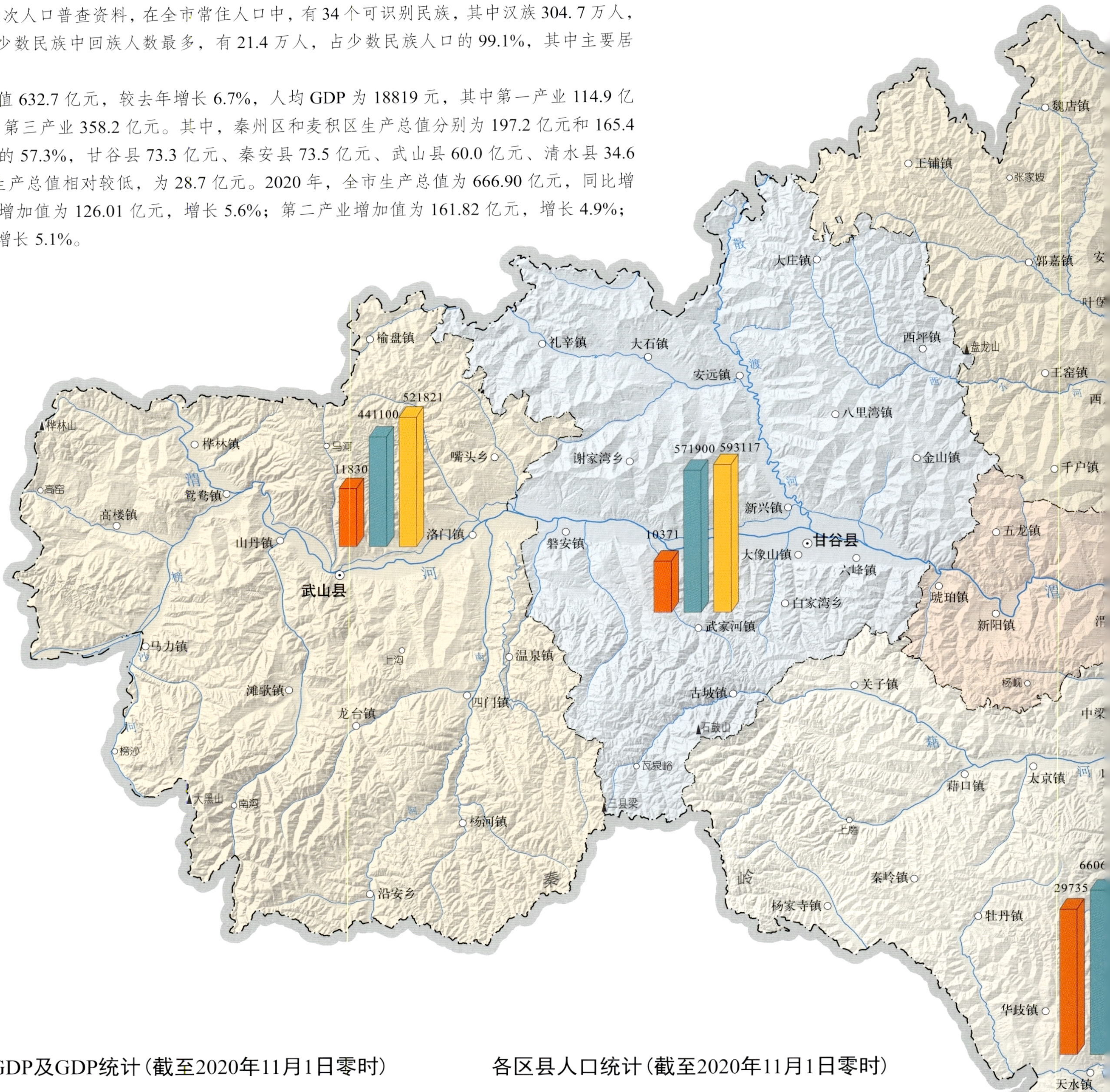

各区县人均GDP及GDP统计（截至2020年11月1日零时）

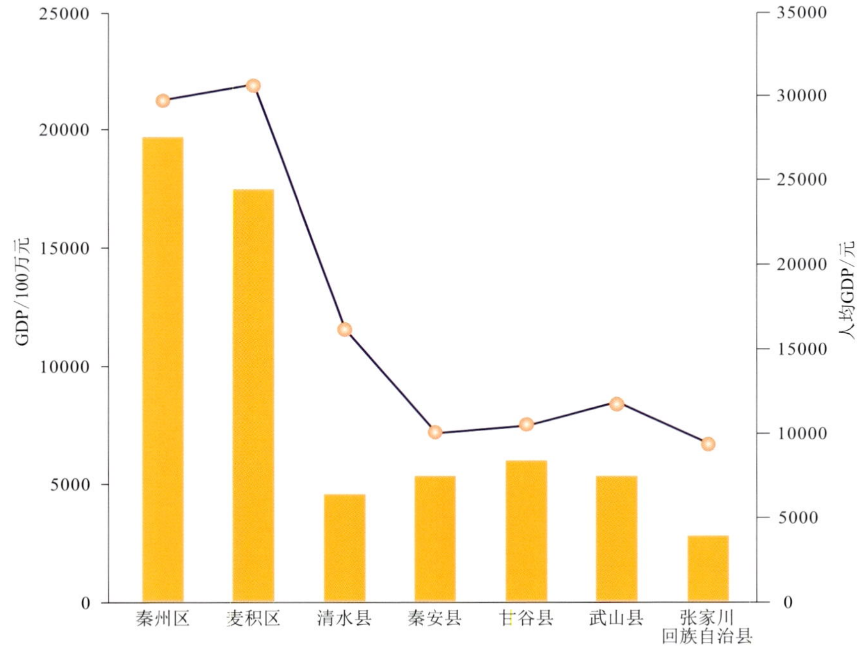

各区县人口统计（截至2020年11月1日零时）

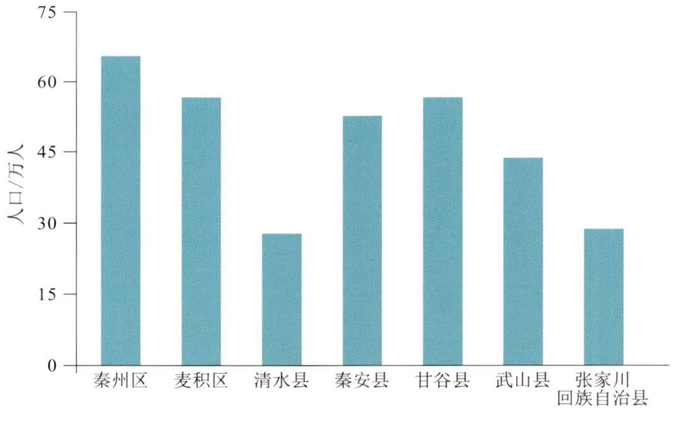

项目	秦州区	麦积区	清水县	秦安县	甘谷县	武山县	张家川回族自治县
人口/万人	66	57	28	53	57	44	29
GDP/100万元	19643	17421	4457	5276	5931	5218	2748
人均GDP/元	29735	30665	16160	10004	10371	11830	9319

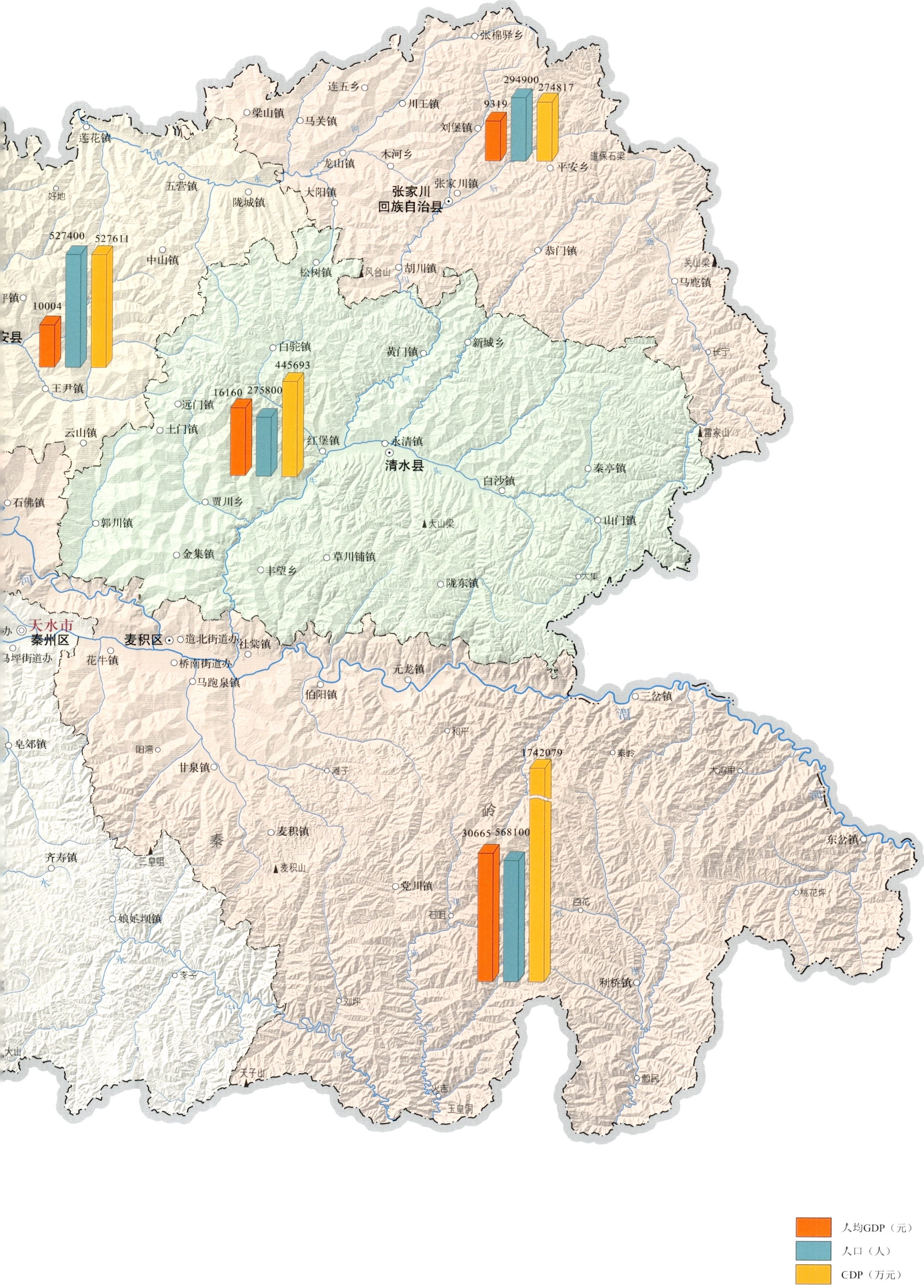
张棉驿乡
连五乡
川王镇
294900
274817
9319
梁山镇
马关镇
刘堡镇
莲花镇
龙山镇
木河乡
道保石梁
平安乡
张家川镇
五营镇
大阳镇
张家川
回族自治县
陇城镇
527400
527611
中山镇
恭门镇
10004
松树镇
风台山
胡川镇
关山梁
马鹿镇
白驼镇
黄门镇
新城乡
长宁
445693
16160
275800
王尹镇
远门镇
云山镇
土门镇
红堡镇
永清镇
雷家山
清水县
秦亭镇
白沙镇
石佛镇
贾川乡
郭川镇
山门镇
大山梁
金集镇
草川铺镇
丰望乡
陇东镇
天水市
秦州区
麦积区
道北街道办
社棠镇
马跑泉镇
花牛镇
桥南街道办
元龙镇
三岔镇
伯阳镇
和平
1742079
皂郊镇
甘泉镇
大洞里
岭
30665
568100
东岔镇
秦
麦积镇
齐寿镇
麦积山
党川镇
石门
百花
娘娘坝镇
利桥镇
天子山
人均GDP（元）
人口（人）
GDP（万元）

5 地质灾害风险评估

天水市地质灾害易发程度评估图

0　4.5　9.0　13.5　18.0 km

地质灾害易发程度是由孕灾地质条件决定的地质灾害发生的可能性。依据《地质灾害风险调查评估技术要求（1∶50000）》（试行），采用地质灾害信息量评估模型，考虑工程地质岩组、坡度、地形起伏度、五级以上河流河网密度、主要活动断裂密度、增强植被指数（EVI）等六种主要孕灾因素，通过单因素信息量分析及结果叠加运算，得到天水市地质灾害易发程度评估结果。考虑信息量值分布特征和防治规划需求，将评估结果划分为极高易发区、高易发区、中易发区和低易发区四个等级。评估结果显示：极高易发区分布约 1264 km^2，面积占比约 8.8%，主要分布在渭河等主要河流及西秦岭北缘断裂和通渭断裂沿线，包括渭河沿线武山县桦林镇至甘谷县磐安镇、麦积区新阳镇至伯阳镇一带，藉河北岸秦州区关子镇至麦积区社棠镇一带，甘谷县以北散渡河流域，葫芦河秦安县、牛头河清水县县城周边，清水河张家川陇城镇至龙山镇沿线地区；高易发区分布面积约 6139 km^2，占比约 42.7%，广泛分布在天水中部黄土梁峁区；中易发区分布面积约 5288 km^2，占比约 36.7%，主要分布在远离构造和河流的低山区；低易发分布面积约 1700 km^2，占比约 11.8%，分布在地势平缓开阔的渭河等河流沟谷和秦岭山区。

各区县地质灾害易发程度分区面积统计

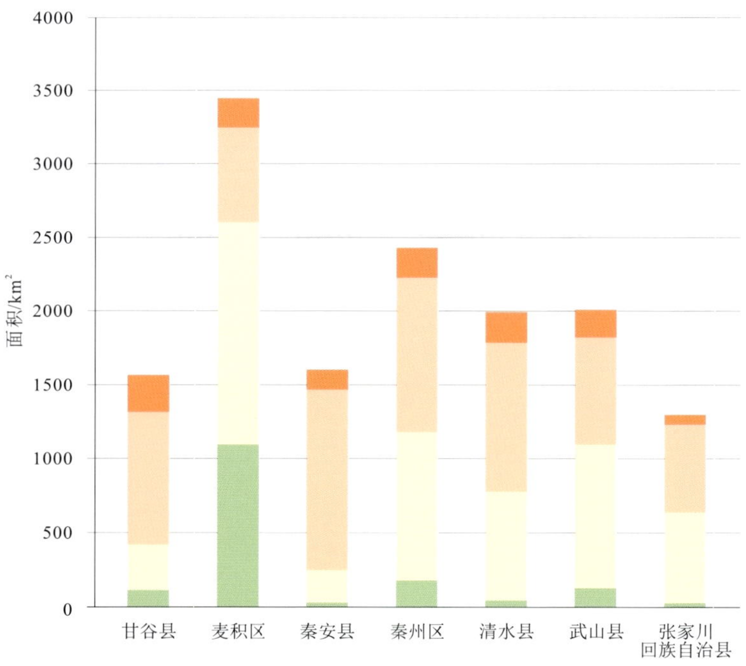

易发程度分区	面积 /km²						
	甘谷县	麦积区	秦安县	秦州区	清水县	武山县	张家川回族自治县
极高易发区	250	212	131	205	203	191	72
高易发区	901	634	1218	1050	1011	726	599
中易发区	290	1510	207	987	737	958	599
低易发区	131	1095	46	199	52	136	41

天水市易发程度分区面积占比

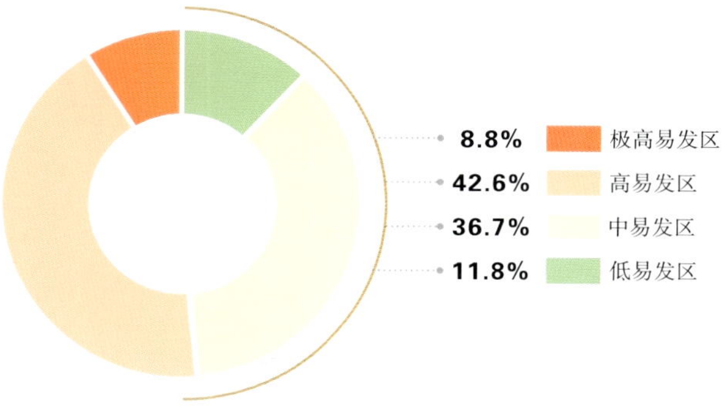

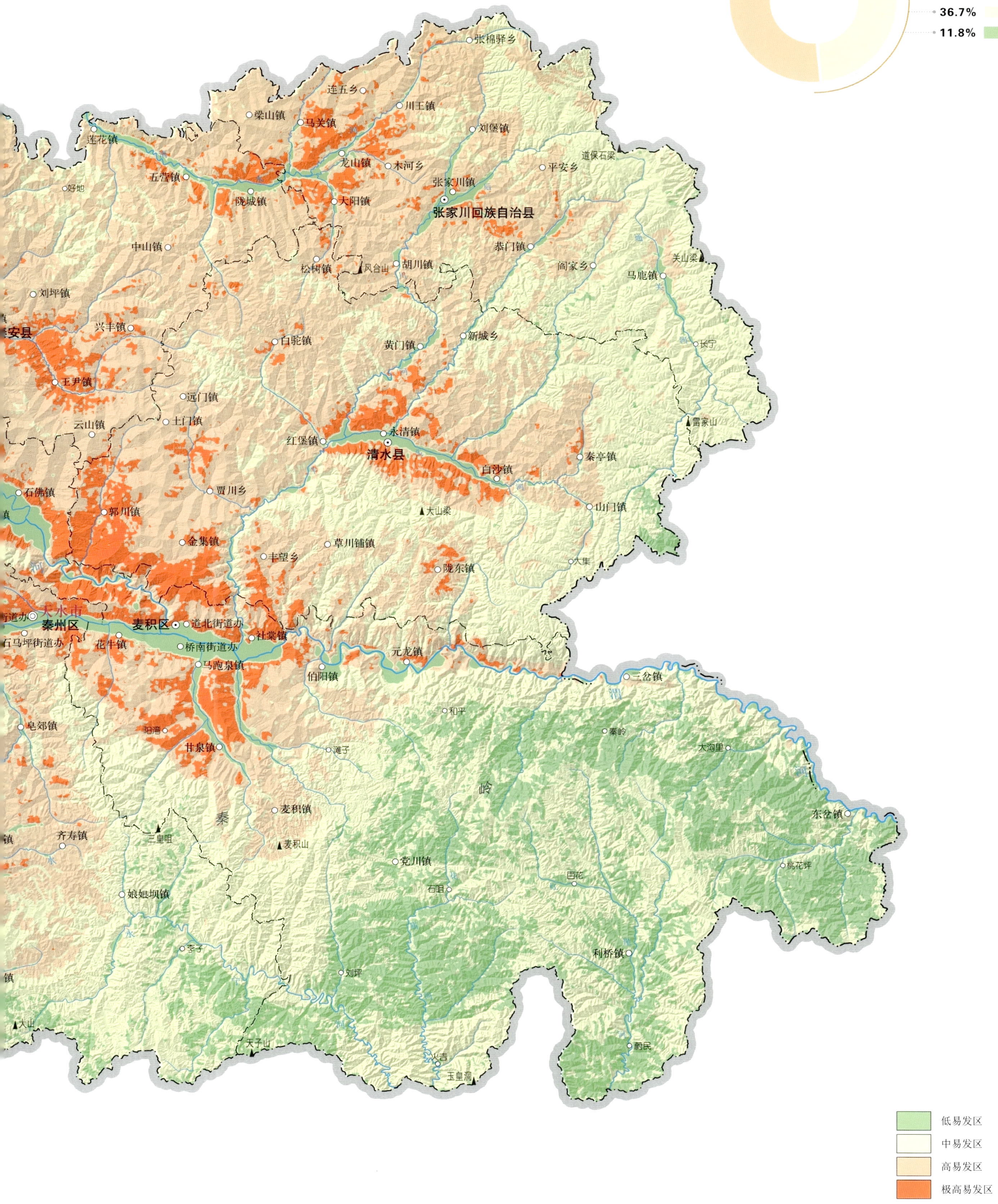

天水市地震地质灾害危险性评估图

0 9.0 18.0 27.0 36.0 km

参照《地质灾害风险调查评估技术要求（1:50000）》（试行），在天水市地质灾害易发程度评估的基础上，考虑多遇地震、基本地震、罕遇地震三种地震工况，采用地震动峰值加速度，分别进行地质灾害危险性评估。地震动峰值加速度取值根据《中国地震动参数区划图》（GB 18306—2015）取 50 年超越概率 63.5%、10% 和 2% 水准下的一般场地水平地震动峰值加速度。将危险性评估结果划分为极高危险区、高危险区、中危险区和低危险区四个等级。评估结果显示：在基本地震条件下，极高危险区面积约为 2000 km^2，占比约 14.1%，主要分布在渭河等主要河流沿线地质灾害高易发区及西秦岭北缘断裂、礼县罗家堡断裂和通渭断裂沿线，包括渭河沿线武山县桦林镇至甘谷县磐安镇、麦积区新阳镇至伯阳镇一带，藉河北岸秦州区关子镇至麦积区社棠镇一带，秦州区杨家寺镇以东、皂郊镇以南区域，甘谷县以北散渡河流域，葫芦河秦安县、牛头河清水县县城周边，清水河张家川陇城镇至龙山镇沿线；高危险区面积约为 5900 km^2，占比约 41.5%，分布于极高危险区周缘地带；中危险区面积约为 4700 km^2，占比约 33.1%，分布在远离构造和河流的低山区；低危险区面积约为 1600 km^2，占比约 11.3%，分布在地势平缓开阔的渭河等河流沟谷和秦岭山区。在多遇地震条件下，地质灾害中危险和低危险区面积较为接近，分别约为 7200 km^2 和 7000 km^2；在罕遇地震条件下，地质灾害极高危险区面积达 7200 km^2，占比约 50.7%，高危险区面积约为 5300 km^2，占比约 37.3%，中危险区和低危险区总面积仅约为 1700 km^2，占比约 12.0%。

天水市三种地震工况条件下地震地质灾害危险性分区面积及占比

地震工况	极高危险区		高危险区		中危险区		低危险区	
	面积 /km^2	占比 /%	面积 /km^2	占比 /%	面积 /km^2	占比 /%	面积 /km^2	占比 /%
多遇地震	—	—	—	—	7200	50.7	7000	49.3
基本地震	2000	14.1	5900	41.5	4700	33.1	1600	11.3
罕遇地震	7200	50.7	5300	37.3	1000	7.0	700	4.9

50年超越概率63%

50年超越概率10%

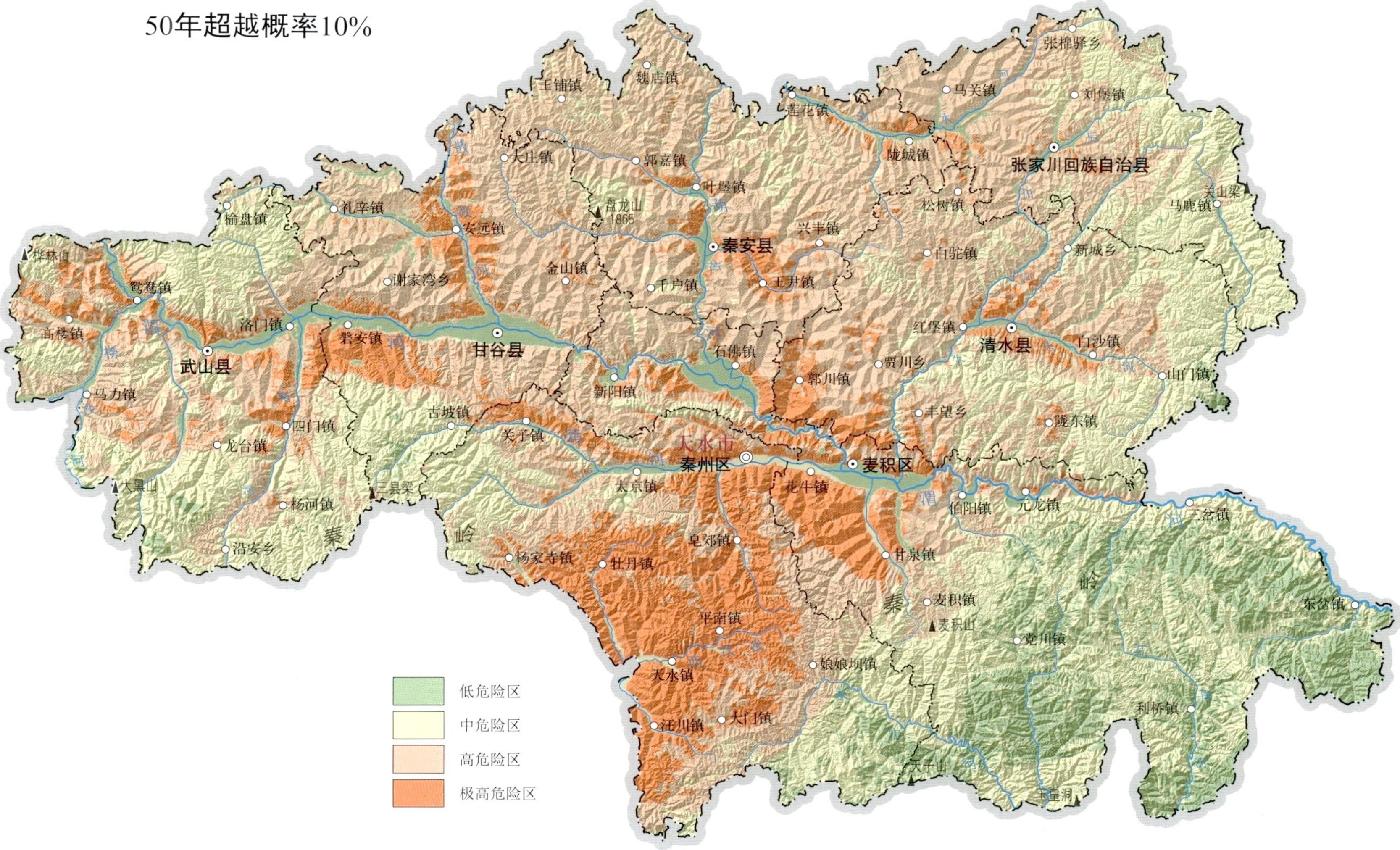

50年超越概率2%

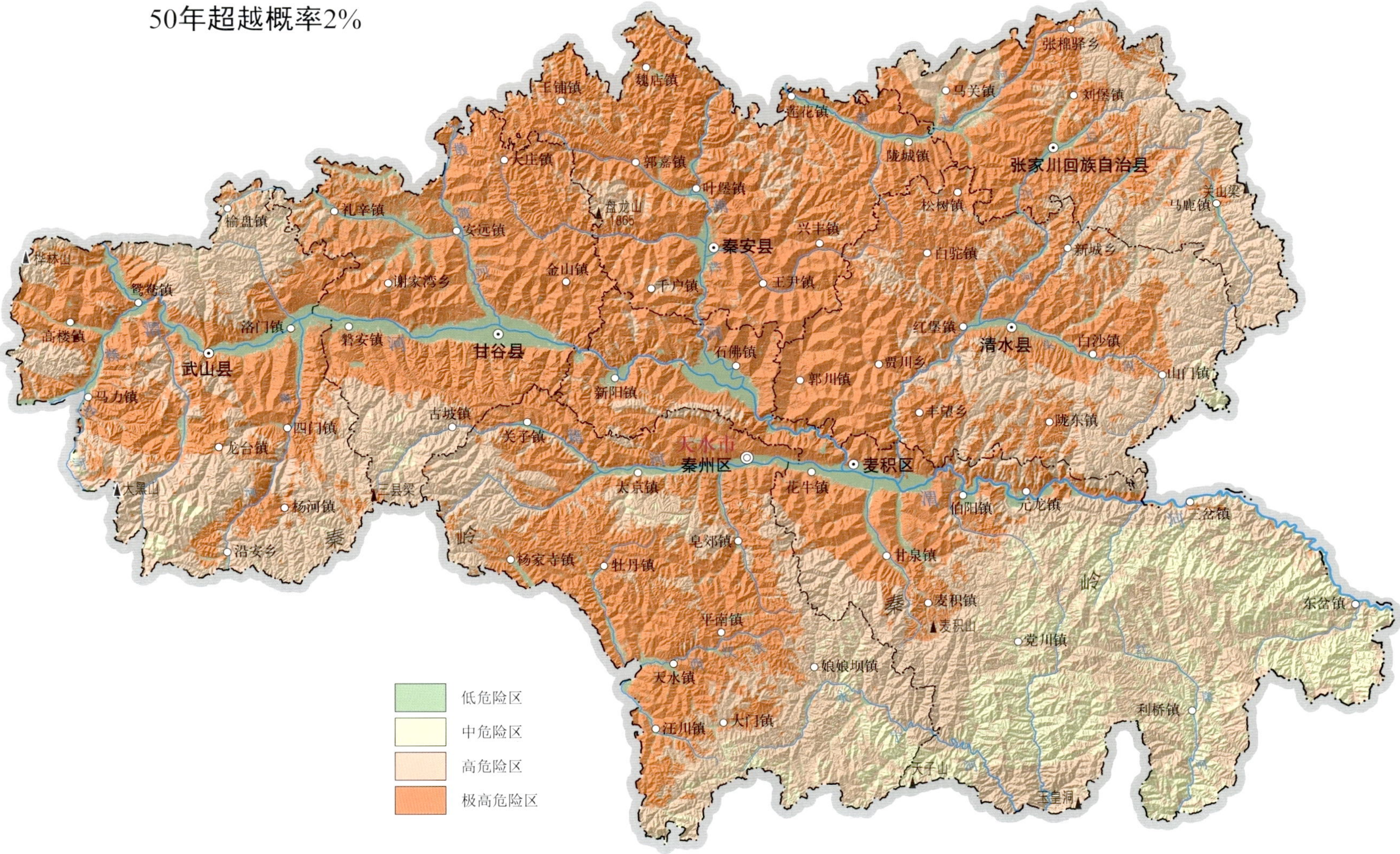

天水市季节降水地质灾害危险性评估图

春季

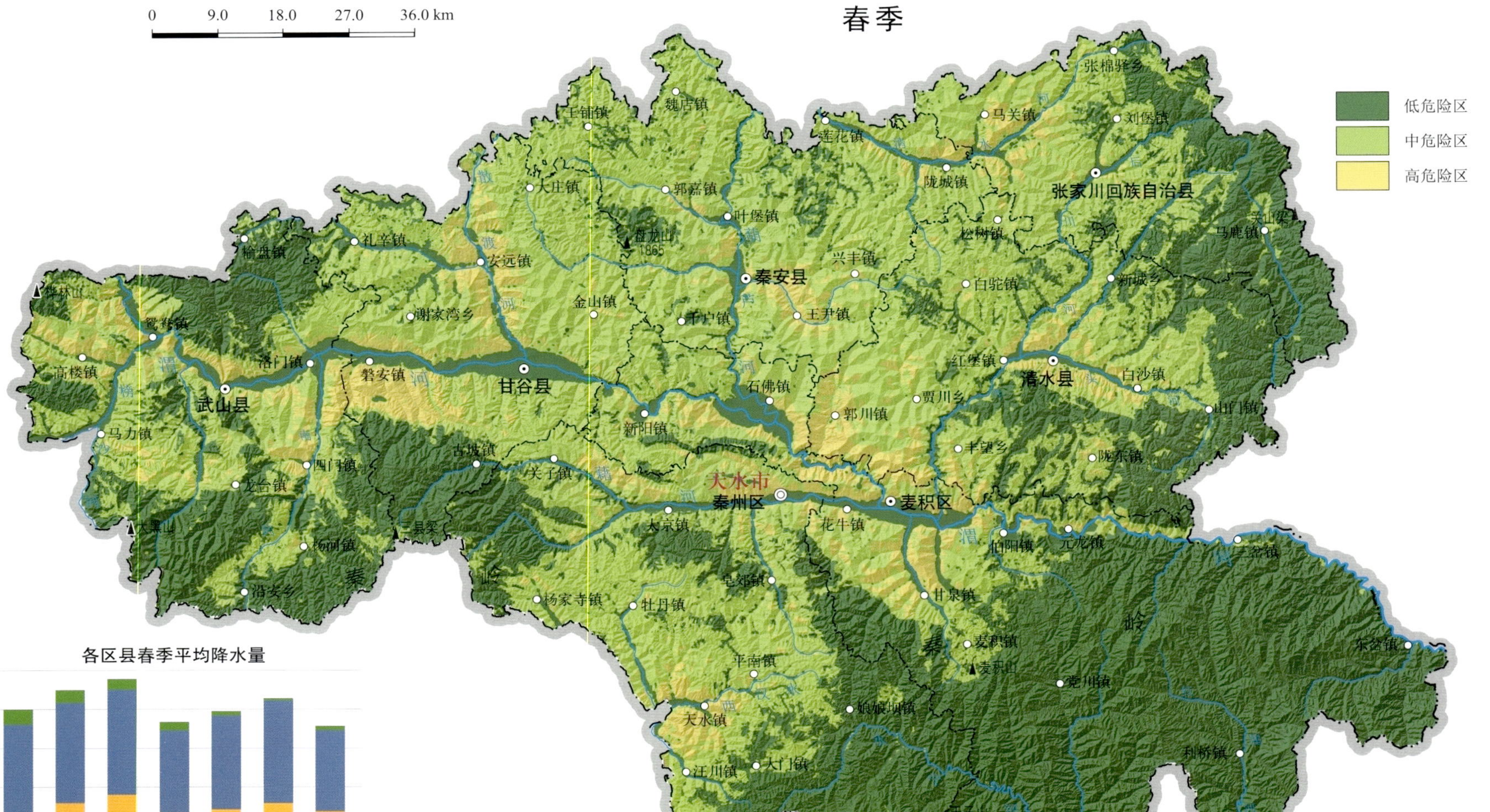

各区县春季平均降水量

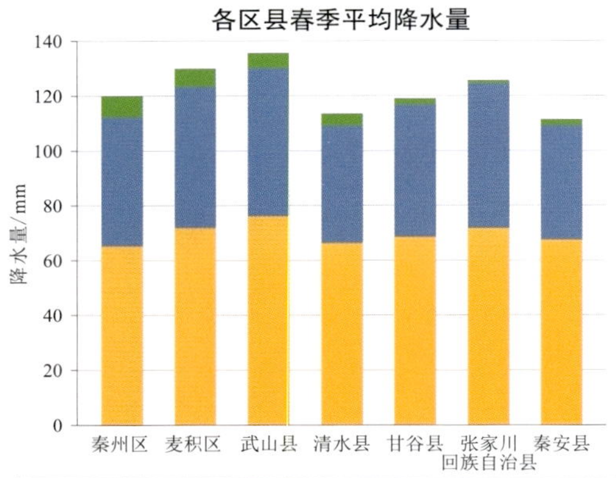

月份	降水量/mm						
	秦州区	麦积区	武山县	清水县	甘谷县	张家川回族自治县	秦安县
3月	7.19	6.56	1.86	3.99	2.12	1.79	2.65
4月	47.52	51.42	55.03	43.06	48.05	52.12	40.92
5月	64.68	71.29	75.79	65.88	68.03	71.71	67.42

秋季

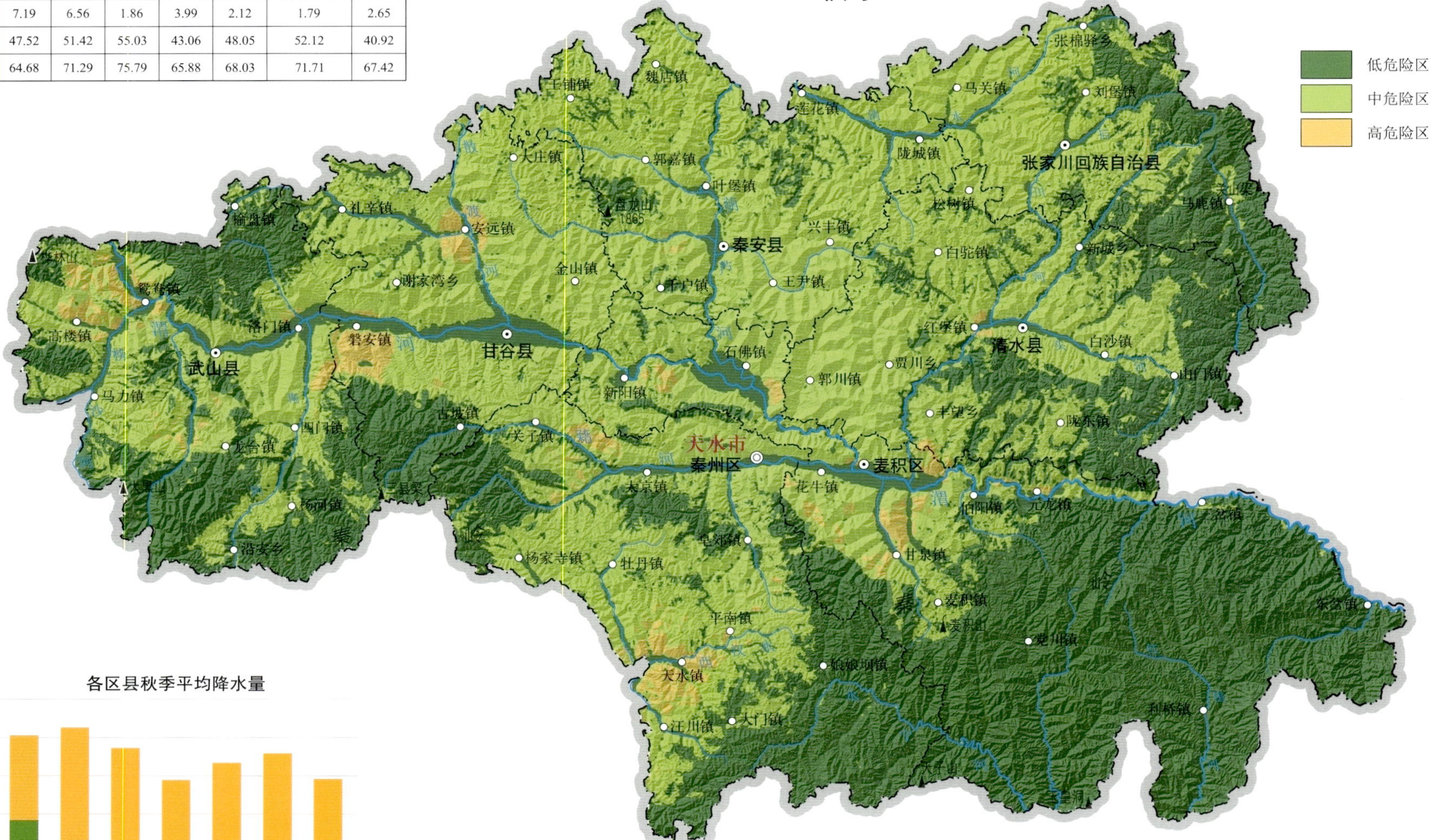

各区县秋季平均降水量

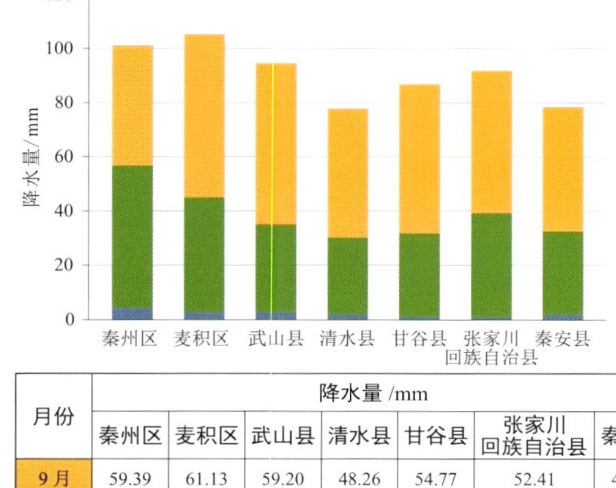

月份	降水量/mm						
	秦州区	麦积区	武山县	清水县	甘谷县	张家川回族自治县	秦安县
9月	59.39	61.13	59.20	48.26	54.77	52.41	45.79
10月	36.95	42.14	32.98	27.66	31.10	38.64	30.68
11月	4.43	2.82	2.41	2.04	1.03	0.59	1.76

降水是天水市群发性地质灾害的主要诱发因素之一，很大程度影响和控制了地质灾害的分布。天水市降水量随季节的变化显著，春、夏季降水居多，最大降水量集中在夏季，约占全年降水量的50%以上，且多以集中暴雨形式出现；而秋季和冬季降水量较少。参照《地质灾害风险调查评估技术要求（1:50000）》（试行），在天水市地质灾害易发程度评估的基础上，叠加不同季节累积降水量，实现多季节的降水诱发地质灾害危险性评估。评估结果显示：不同季节降水地质灾害危险性呈现出与降水季节变化相一致的特征，以夏季降水地质灾害极高和高危险区分布最广，总面积约达7400 km^2，占比约51.7%；春季和秋季局部地区为降水地质灾害高危险区，面积占比分别为8.4%和2.1%；冬季未出现高等级以上危险区。该评估结果对深化天水市降水地质灾害季节变化的规律认识和部署年度地质灾害防治工作具有一定指导意义。

夏季

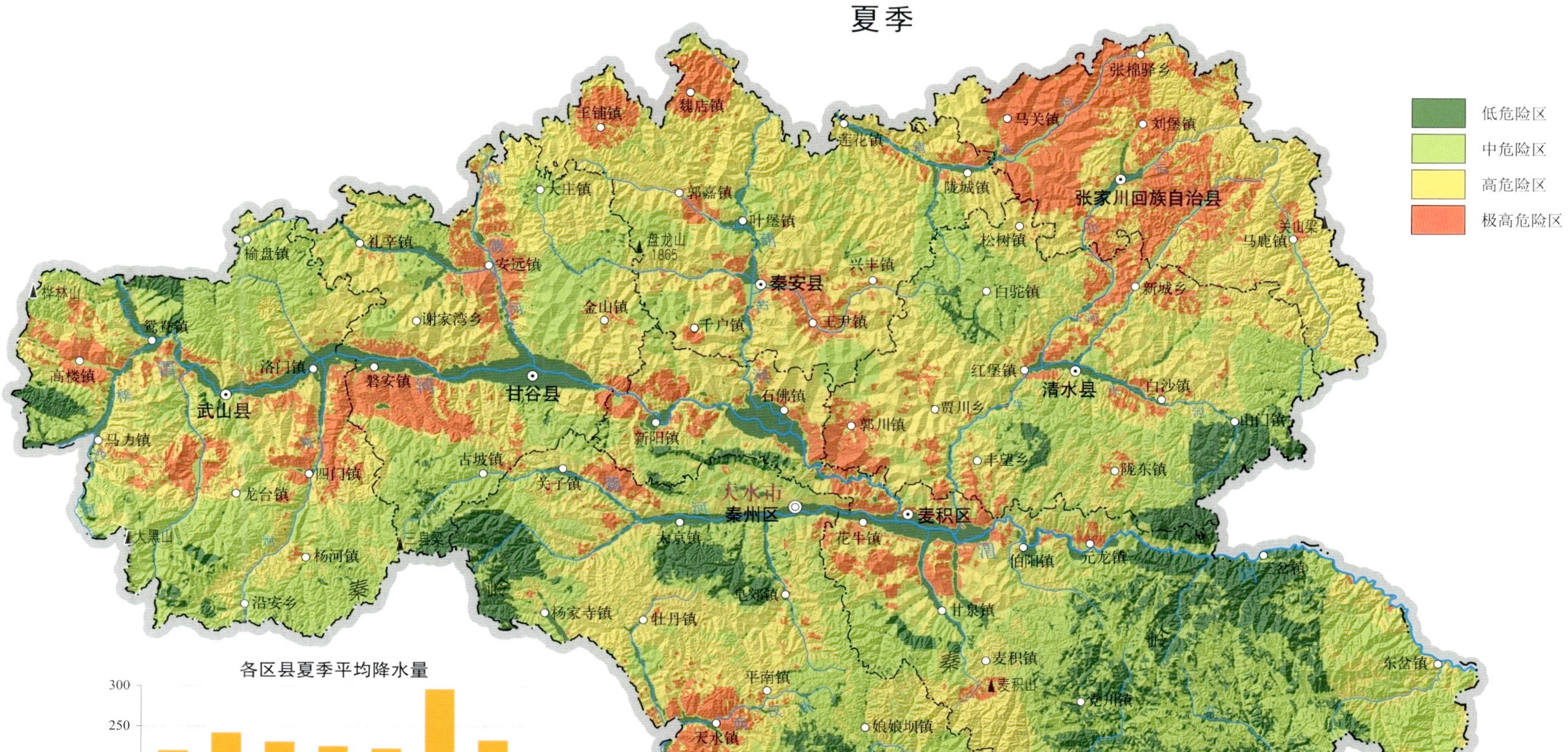

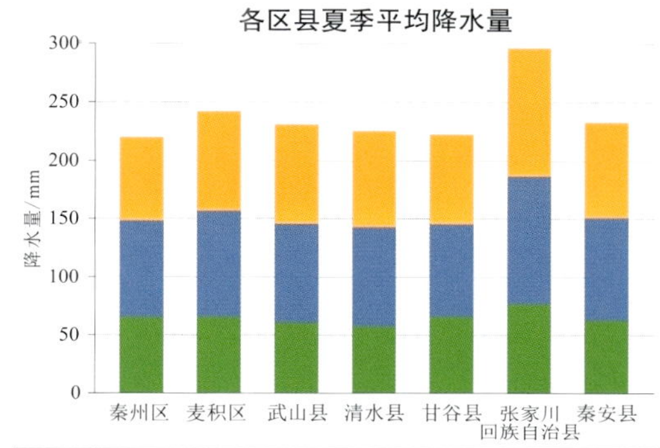

月份	降水量 /mm						
	秦州区	麦积区	武山县	清水县	甘谷县	张家川回族自治县	秦安县
6 月	71.88	87.10	85.19	81.98	77.41	105.51	81.21
7 月	82.47	90.95	84.64	83.51	78.11	112.13	86.30
8 月	66.10	64.92	60.48	58.79	66.28	76.07	64.16

冬季

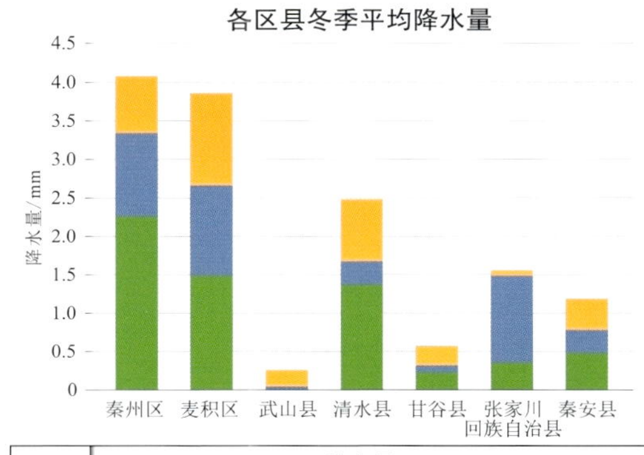

月份	降水量 /mm						
	秦州区	麦积区	武山县	清水县	甘谷县	张家川回族自治县	秦安县
12 月	0.75	1.20	0.23	0.77	0.26	0.06	0.40
1 月	1.06	1.17	0.01	0.31	0.08	1.15	0.30
2 月	2.27	1.48	0.02	1.38	0.23	0.34	0.48

天水市季节降水地质灾害危险性分区面积及占比

季节	极高危险区		高危险区		中危险区		低危险区	
	面积 /km²	占比 /%	面积 /km²	占比 /%	面积 /km²	占比 /%	面积 /km²	占比 /%
春季	—	—	1200	8.4	6200	43.4	6900	48.2
夏季	1800	12.5	5600	39.2	4800	33.6	2100	14.7
秋季	—	—	300	2.1	7000	49.3	6900	48.6
冬季	—	—	—	—	7300	51.0	7000	49.0

天水市年际和月际降水地质灾害危险性评估图

在天水市地质灾害易发性评估的基础上，参照《地质灾害风险调查评估技术要求（1:50000）》（试行），叠加多年平均累积降水量和多年月平均累积降水量，获得了天水市年际降水和月际降水地质灾害危险性评估结果。从年际降水地质灾害危险性分布分析，极高和高危险区主要分布在渭河、藉河、散渡河、牛头河、清水河等地质灾害高易发区地带，以及天水市东北部关山地区等降水集中区。月际降水地质灾害危险性分布更加显著地反映了天水市降水地质灾害月际变化的规律。1~3月降水整体偏少，降水地质灾害危险性整体较低。4~7月随着降水量的逐渐增多和降水中心向东北部转移，地质灾害极高和高危险区分布由渭河武山县、麦积区沿线和甘谷散渡河流域的局部扩大到葫芦河、牛头河、清水河等东北部区域，面积由约3200 km^{2}增至约7400 km^2。8月开始，随着降水量的逐渐减少和东北部降水峰值的消逝，极高和高危险区的分布也自北部山区向中西部黄土梁峁地区退缩。至10月，降水地质灾害危险性整体降低为中、低危险性水平。该评估结果可为把握年际地质灾害防治工作重点，尤其可为汛期前后地质灾害“三查”工作时空安排提供基础资料和科技支撑。

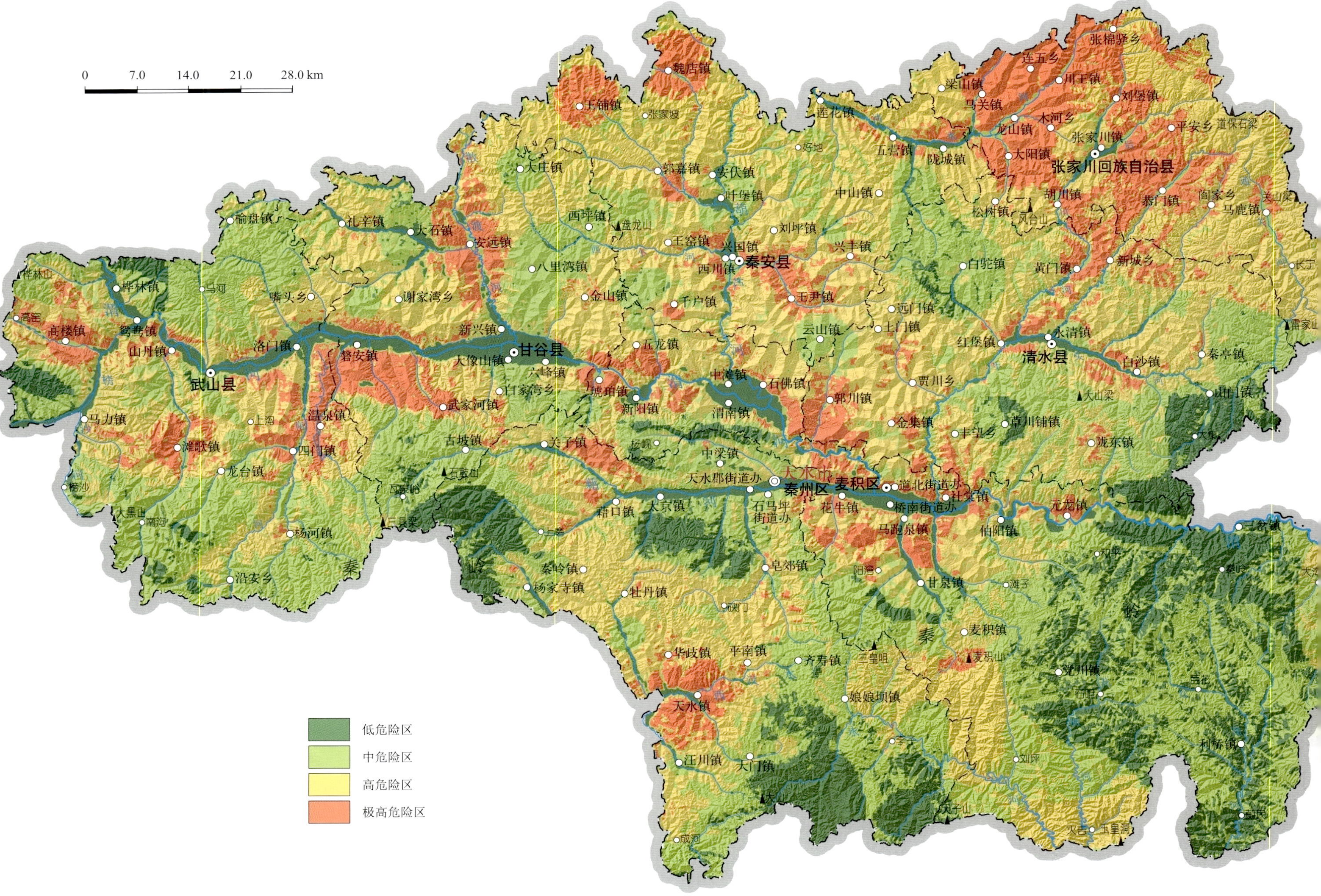

0 20 40 km

1月

2月

3月

4月

5月

6月

7月

8月

9月

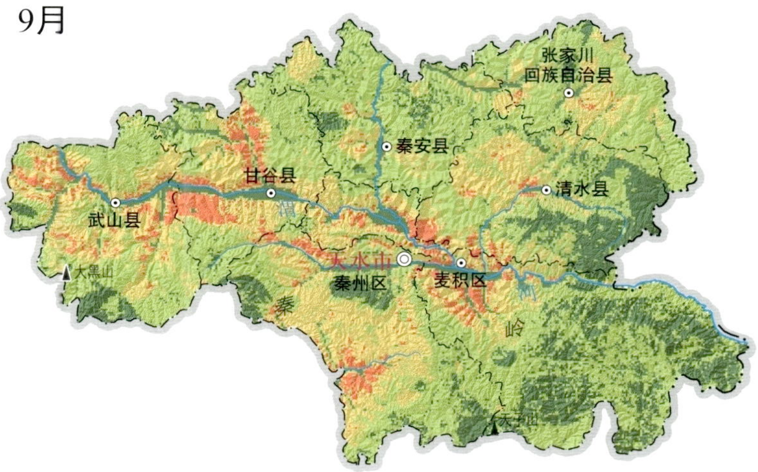

10月

11月

12月

天水市月际降水地质灾害危险性分区占比分布图

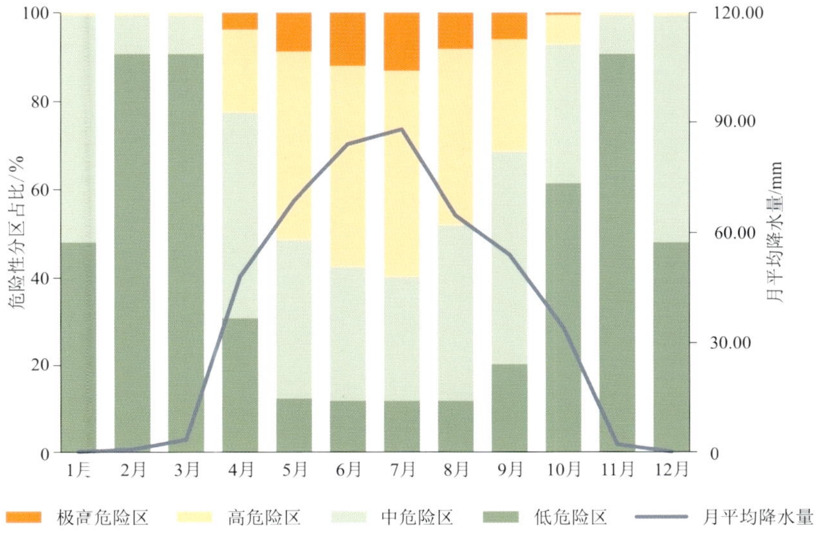

天水市月际降水地质灾害危险性分区面积及占比

月份	低危险区		中危险区		高危险区		极高危险区	
	面积 /km²	占比 /%	面积 /km²	占比 /%	面积 /km²	占比 /%	面积 /km²	占比 /%
1 月	6955	48.3	7437	51.7	0	0	—	—
2 月	13126	91.2	1265	8.8	1	0	—	—
3 月	13126	91.2	1265	8.8	1	0	—	—
4 月	4429	30.8	6760	47.0	2696	18.7	507	3.5
5 月	1757	12.2	5244	36.4	6144	42.7	1246	8.7
6 月	1731	12.0	4428	30.8	6508	45.2	1725	12.0
7 月	1740	12.1	4044	28.1	6768	47.0	1841	12.8
8 月	1726	12.0	5755	40.0	5749	40.0	1162	8.1
9 月	2925	20.3	6945	48.3	3697	25.7	825	5.7
10 月	8827	61.3	4579	31.8	957	6.7	29	0.2
11 月	13116	91.1	1276	8.9	0	0	—	—
12 月	6955	48.3	7437	51.7	0	0	—	—

天水市地质灾害危险性综合评估图

0 4.5 9.0 13.5 18.0 km

地震和降水是诱发天水市地质灾害的两大主要因素。针对地震事件重现周期长而降水多发的特点，考虑一般建筑和工程抵御地震和降水地质灾害的设防标准，综合考虑基本地震工况（50 年超越概率 10% 的抗震设防水准）和年平均降水条件下地质灾害危险性评估结果，基于最不利原则进行天水市地质灾害危险性综合评估。结果显示：地质灾害极高危险区面积约为 2953.57 km^2，约占天水市总面积的 20.6%，主要分布在西秦岭北缘断裂、礼县－罗家堡断裂和通渭断裂沿线的渭河、藉河、散渡河两岸，秦州区至天水镇一带，葫芦河秦安县、牛头河清水县县城周边地区，清水河张家川陇城镇至龙山镇沿线，天水东北部关山地区等降水集中区；高危险区面积为 6310.41 km^2，占比约 43.9%，分布在极高危险区周缘的黄土墚峁地区；中危险区面积为 3969.09 km^2，占比约 27.6%，分布在远离活动构造和河流的低山区；低危险区面积为 1138.91 km^2，占比约 7.9%，分布在地势平缓开阔的渭河等河流谷地和秦岭基岩山区。

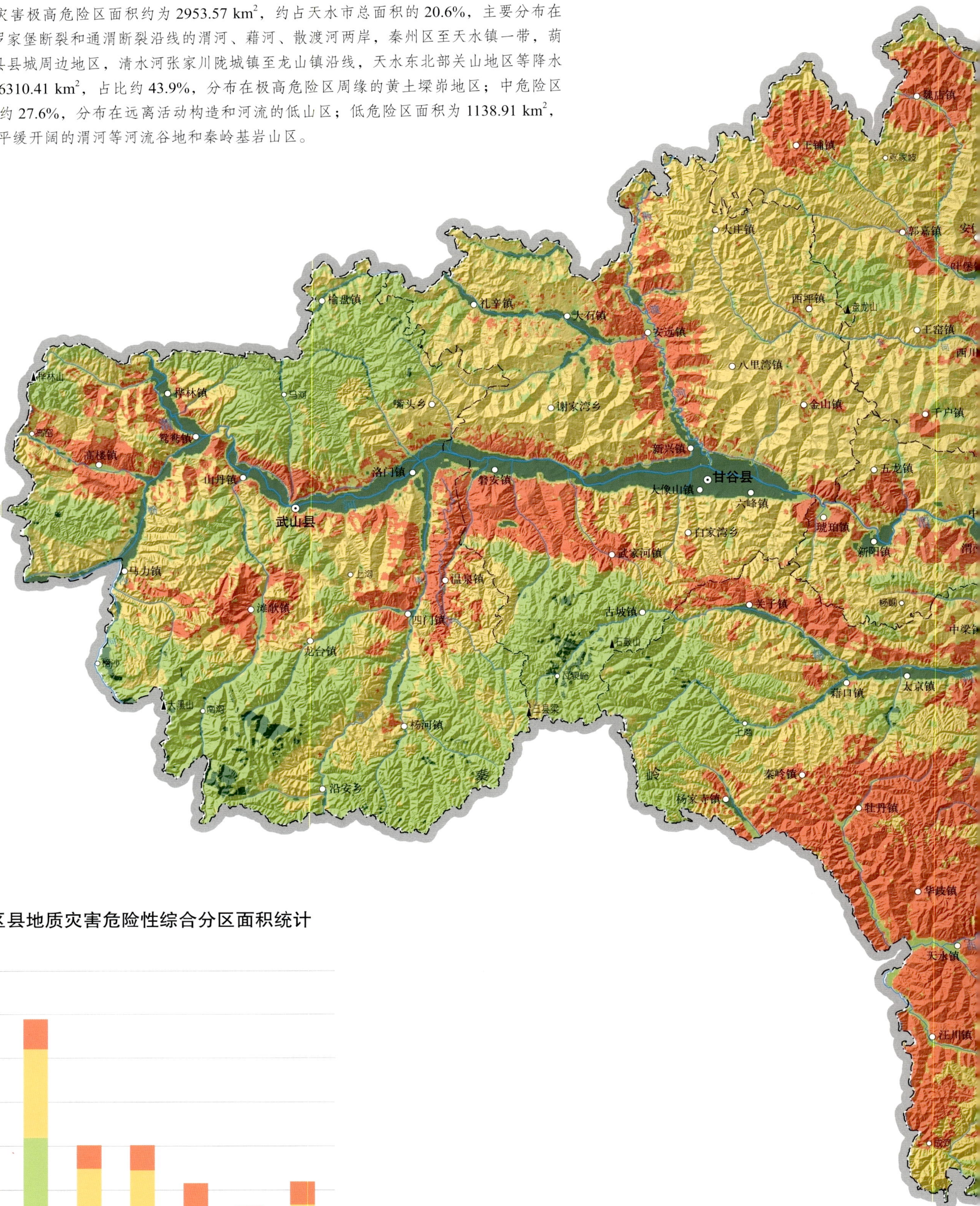

各区县地质灾害危险性综合分区面积统计

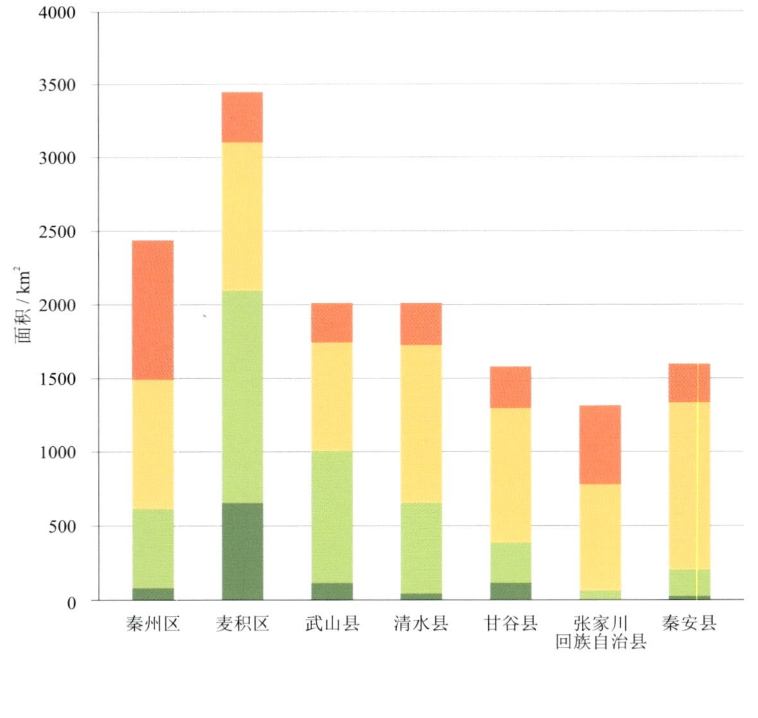

危险性分区	面积 /km^2						
	秦州区	麦积区	武山县	清水县	甘谷县	张家川回族自治县	秦安县
极高危险性	943.21	367.07	278.77	281.42	282.43	535.13	265.54
高危险性	878.22	990.82	727.39	1065.13	899.96	717.13	1121.76
中危险性	533.02	1445.35	886.08	614.82	265.64	46.42	177.76
低危险性	87.55	648.75	118.76	41.62	123.97	12.32	35.94

天水市地质灾害综合分区面积占比

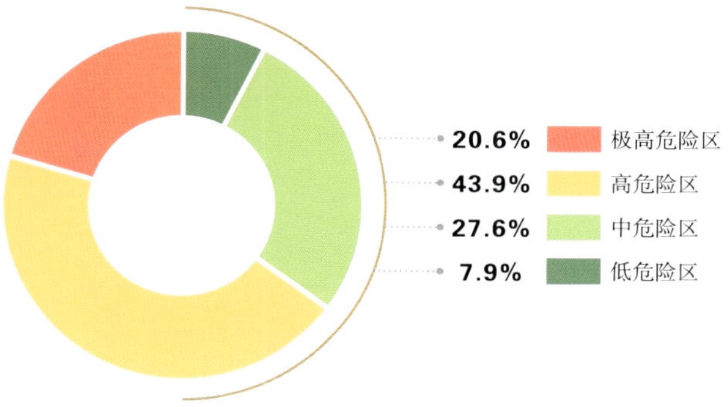

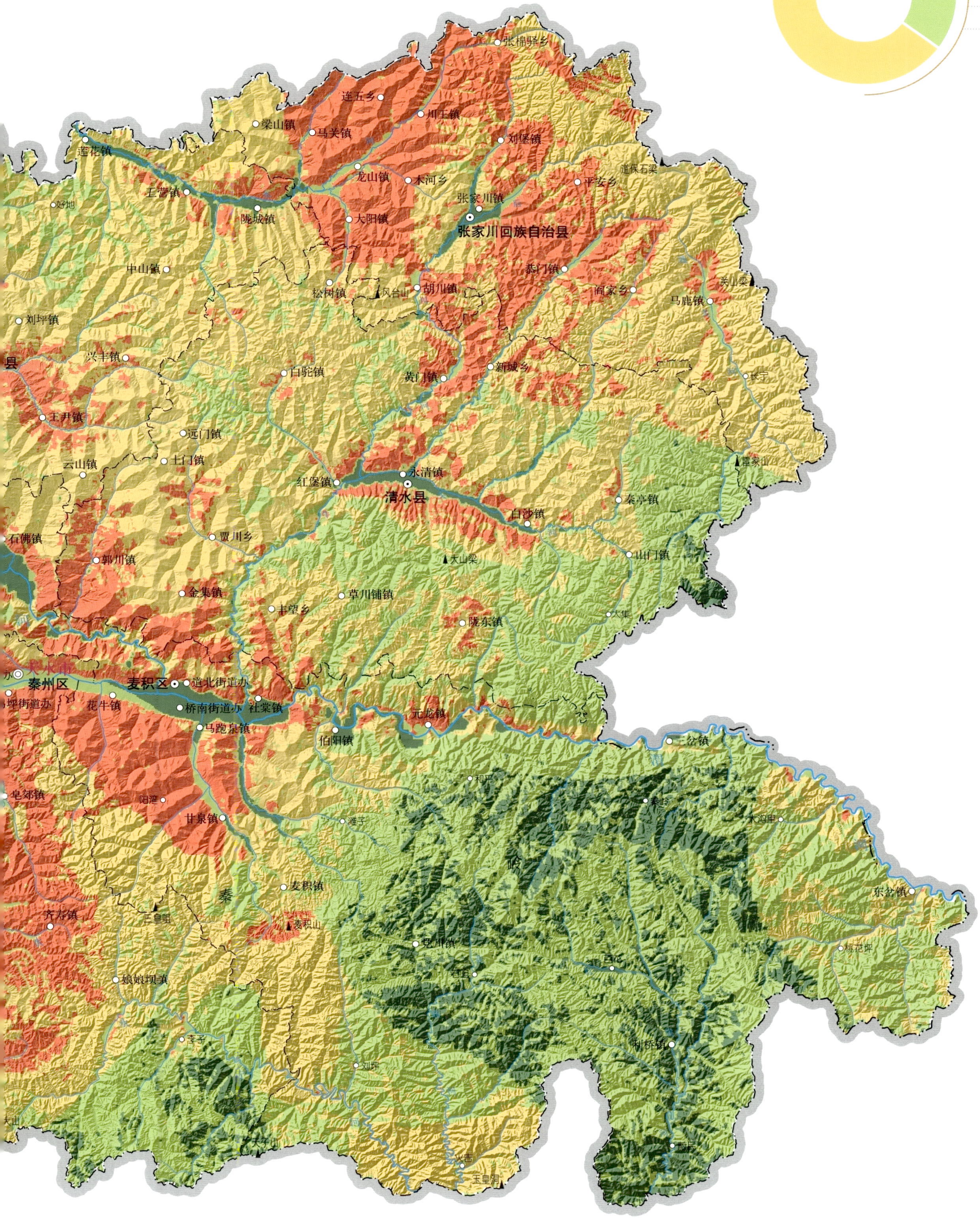

天水市道路交通地质灾害风险评估图

0　4.5　9.0　13.5　18.0 km

在天水市地质灾害危险性综合分区的基础上，利用地理国情普查获取的道路交通数据，将路网按照 1 km 的长度分割成路段单元，通过统计各单元 200 m 缓冲区内地质灾害极高和高危险区的面积占比，作为表征道路交通网受地质灾害影响严重程度的指标，据此将天水市道路交通地质灾害风险等级划分为极高风险、高风险、中风险和低风险四个等级。评估结果显示：天水市道路总长度为 4723.6 km，其中地质灾害极高风险等级段长度为 293.7 km，占道路总长约 6.2%；地质灾害高风险等级段长度为 1262.6 km，占比约 26.7%；地质灾害中风险等级段长度为 1413.6 km，占比约 30.0%；地质灾害低风险等级段长度为 1753 km，占比约 37.2%。总体上，天水市范围内陇海铁路、宝兰客运专线、G30 连霍高速公路、十天高速、国道 310 和国道 316 等高等级道路和多数市政道路地质灾害风险等级较低，极高和高风险等级段主要分布在市、县及乡镇相连的县、乡级公路局部地段。

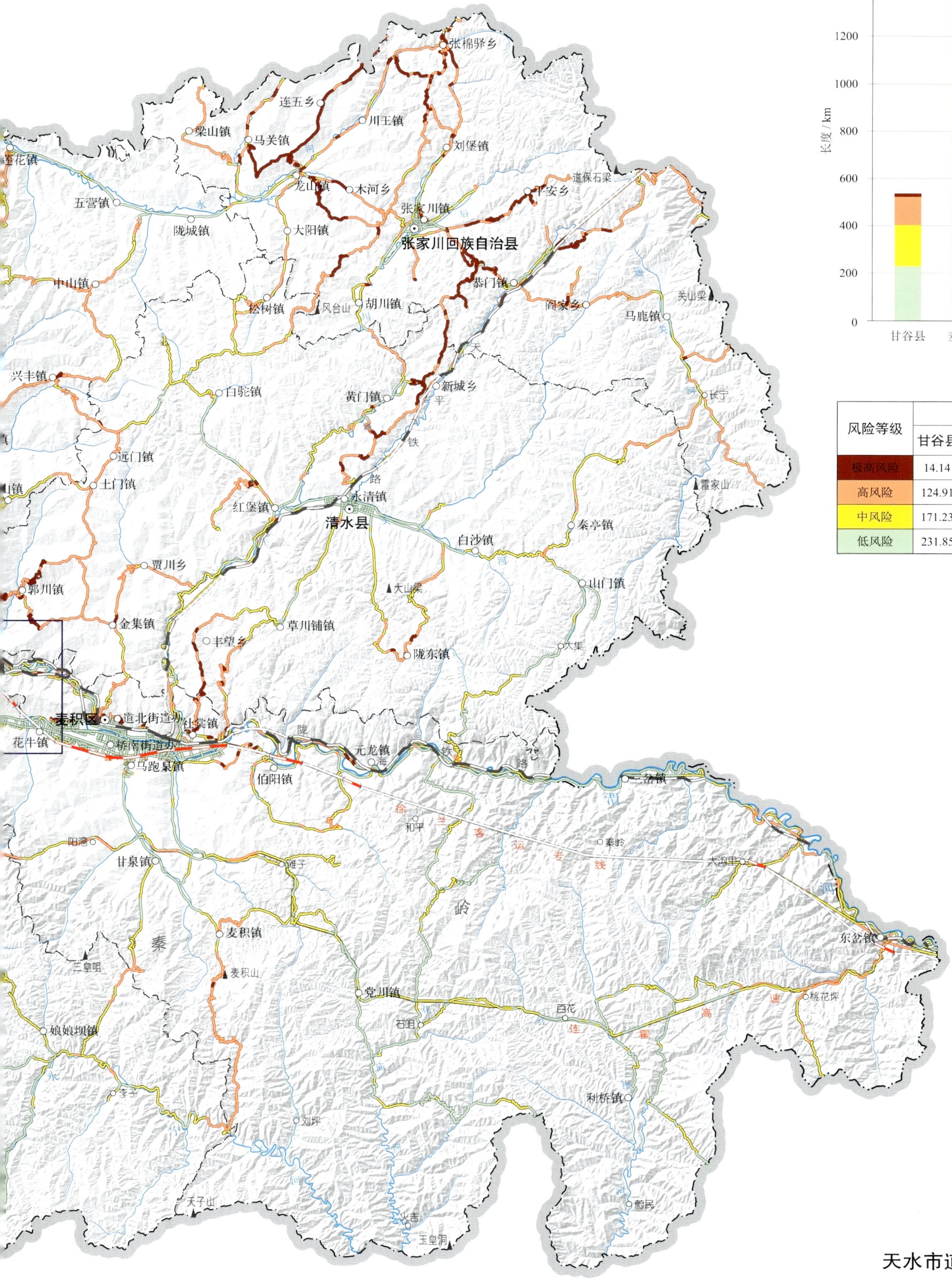

道路交通地质灾害风险等级

- 低风险
- 中风险
- 高风险
- 极高风险

各区县道路交通地质灾害风险分级长度统计

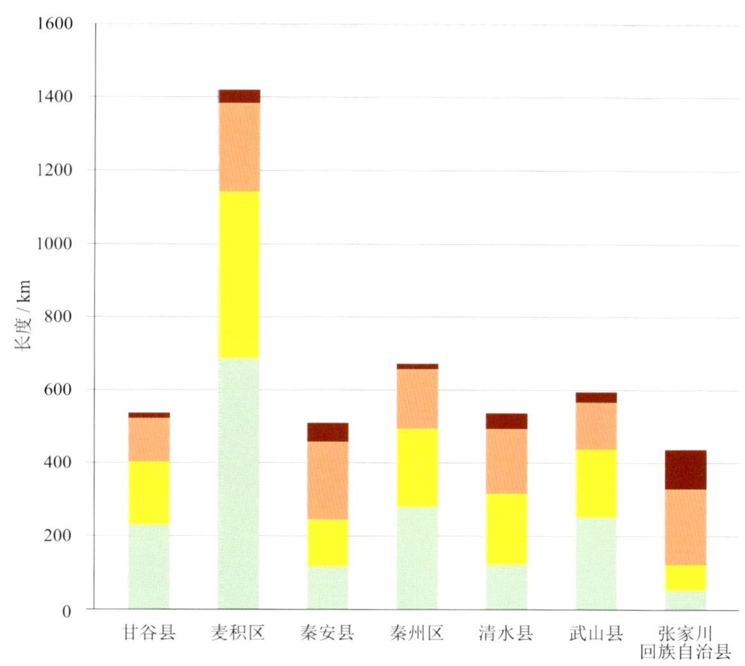

风险等级	长度 /km						
	甘谷县	麦积区	秦安县	秦州区	清水县	武山县	张家川回族自治县
极高风险	14.14	35.89	52.01	12.81	43.01	27.00	108.17
高风险	124.91	240.83	215.76	168.59	178.33	123.31	208.37
中风险	171.23	458.53	125.40	213.35	191.62	188.12	66.83
低风险	231.85	686.43	119.58	281.49	125.00	254.51	56.50

天水市道路交通地质灾害风险等级占比

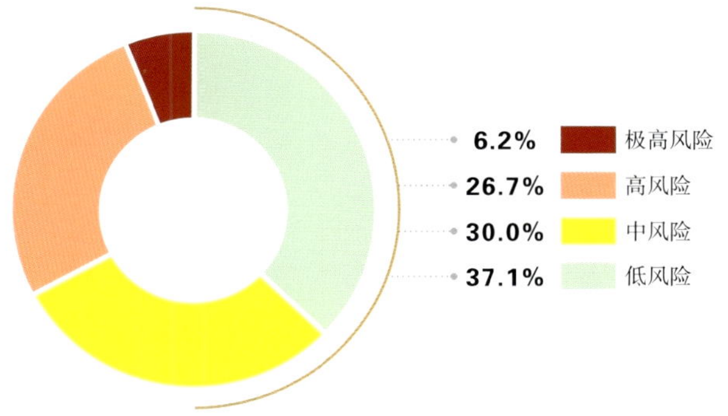

天水市建筑物地质灾害风险评估图

0　4.5　9.0　13.5　18.0 km

在天水市地质灾害危险性综合评估的基础上，利用2018年9月至2019年6月资源三号卫星、高分二号卫星拍摄的天水市遥感影像数据，采用面向对象特征提取和人工目视解译结合的方法，获取了天水市城镇及村庄主要建筑物底面轮廓分布数据。将面积密度作为简化条件下建筑物暴露度和易损性指标，叠加综合地质灾害危险性，实现天水市建筑物地质灾害风险评估。结果显示：天水市建筑物地质灾害极高风险区面积为146.5 km^2，占比约1.0%；高危险区面积为1388.2 km^2，占比约9.6%；中危险区面积为4303.6 km^2，占比约29.8%。总体上，天水市建筑物地质灾害极高和高风险区主要部分在乡村地区，在区、县和乡镇斜坡带零星分布。建议将地质灾害极高和高风险区作为国土空间规划和用途管制的特殊区域，加大生态修复力度，统筹生态移民和地质灾害搬迁避让措施，强化新建工程避让灾害隐患的刚性约束，其厂址应预留出合理的灾害安全防护和缓冲空间，对难以避让的应采取工程治理和监测预警措施，从源头减轻地质灾害风险。

各区县建筑物地质灾害风险分区面积统计

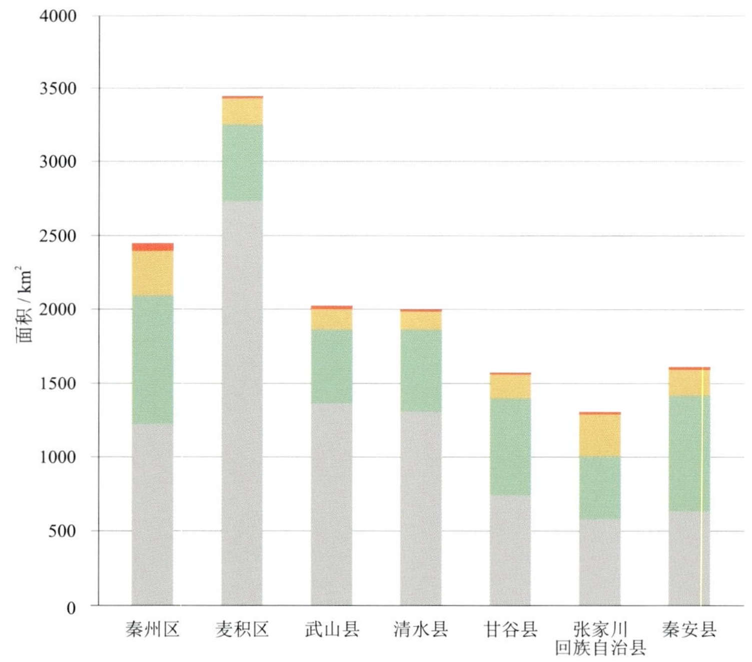

风险分区	面积/km^2						
	秦州区	麦积区	武山县	清水县	甘谷县	张家川回族自治县	秦安县
极高风险	40.28	26.92	12.55	12.07	10.77	26.99	16.88
高风险	319.94	180.18	134.94	130.08	163.87	287.86	171.38
中等风险	864.97	511.31	510.14	564.08	641.15	429.91	782.05
低风险	1216.81	2733.59	1353.37	1296.77	756.21	566.25	630.69

建筑物地质灾害风险分区面积占比

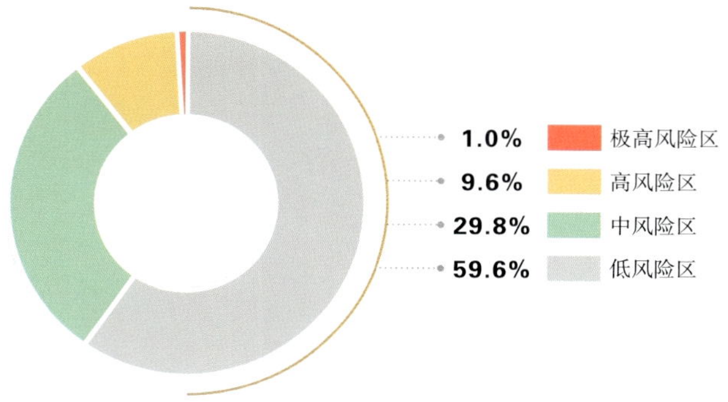

天水市工程建设适宜性评估图

综合以往天水市工程地质调查和灾害地质调查成果，依据《工程地质调查规范（1:50000）》（DZ/T 0097—2021）和《城乡规划工程地质勘察规范》（CJJ 57—2012），选取地质灾害、地震危险性、距断裂的距离、坡度、地形起伏度、工程地质岩组、距河流的距离、地貌类型等作为工程建设适宜性评价指标，综合考虑各指标对工程建设制约的强弱差异及其处置措施的难易程度，利用加权综合指数模型进行天水市工程建设适宜性评估，并划分为适宜区、较适宜区、适宜性差区和不适宜区四个等级。评估结果显示：适宜区面积约 2304 km^2，占比约为 16.0%，主要分布在渭河、藉河、散渡河、葫芦河等干流宽谷段，总体建筑条件好，地形平坦且地基承载力高，适宜修建中–高层大型建筑，但河谷地区存在淤泥质土、砂性土软弱层，承载力偏低，且易产生触变、液化等不良工程地质问题，应注意处置；较适宜区面积为 5573 km^2，占比约为 38.7%，该区距离活动断裂较远，受断裂影响较小，地形坡度较缓，地质灾害发育程度弱，距离大型深切沟谷较远，主要分布在地形平缓的河谷两岸斜坡带及黄土墚顶；适宜性差区面积为 4131 km^2，占比约为 28.7%，多位于距活动断裂 1~5 km 内，地形坡度较大、地形起伏度较大，工程地质岩组以软岩组为主，地质灾害较发育，离沟谷距离近；不适宜区面积为 2383 km^2，占比约为 16.6%，分布在强活动断裂 1 km 范围内，如西秦岭北缘断裂、礼县–罗家堡断裂和通渭断裂周边地带，地形坡度大、地形起伏剧烈、地质灾害高易发。区内各类工程建设应按照有关规定合理避让活动断裂，同时对威胁建筑场地的危险斜坡带和泥石流沟谷应采取必要的防治措施。

各区县工程建设适宜性分区面积统计

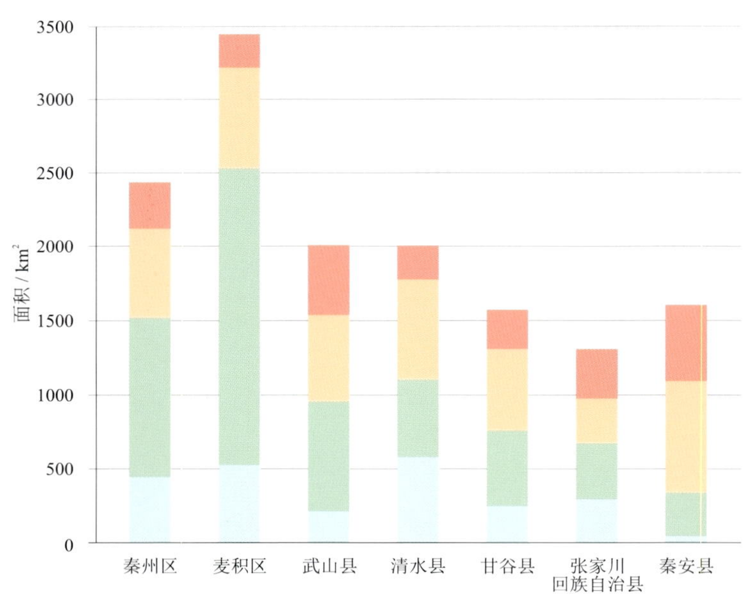

适宜性分区	面积 /km^2						
	秦州区	麦积区	武山县	清水县	甘谷县	张家川回族自治县	秦安县
不适宜区	324	229	465	232	274	338	521
适宜性差区	601	679	594	664	545	302	746
较适宜区	1071	2021	742	538	521	382	298
适宜区	446	522	209	569	233	289	36

工程建设适宜性分区面积占比

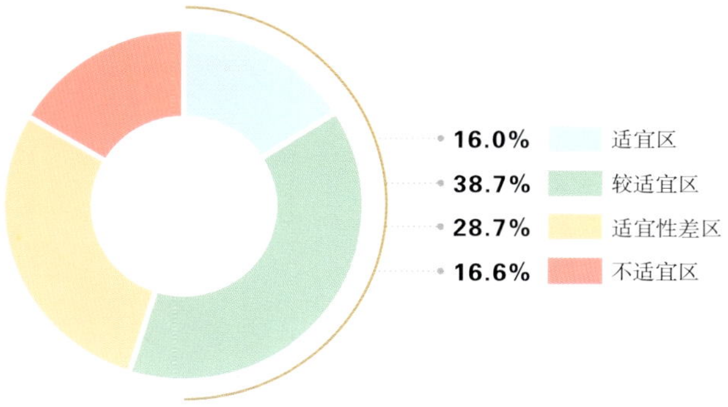

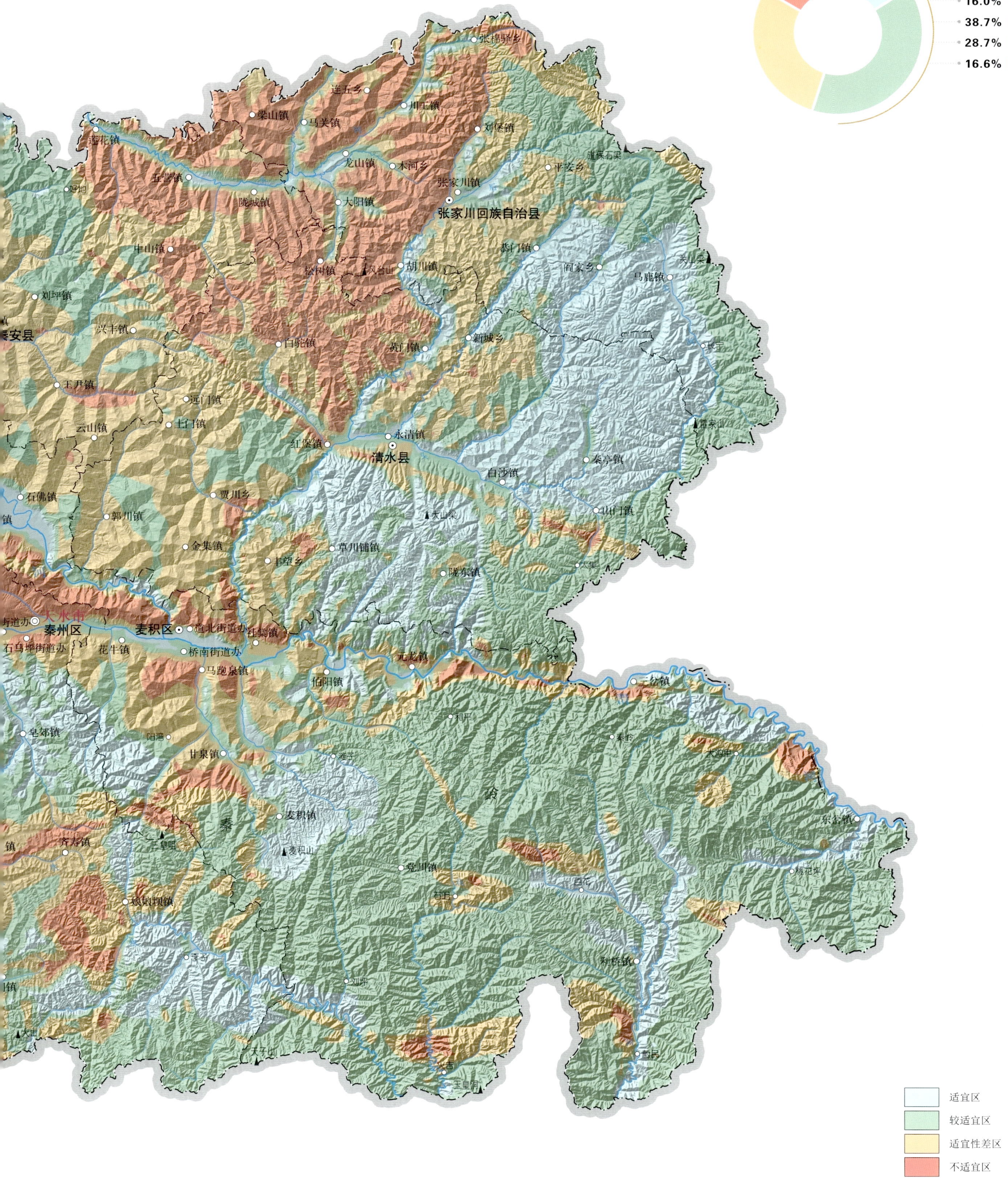

天水市北山滑坡危险性及建设用地适宜性分区图

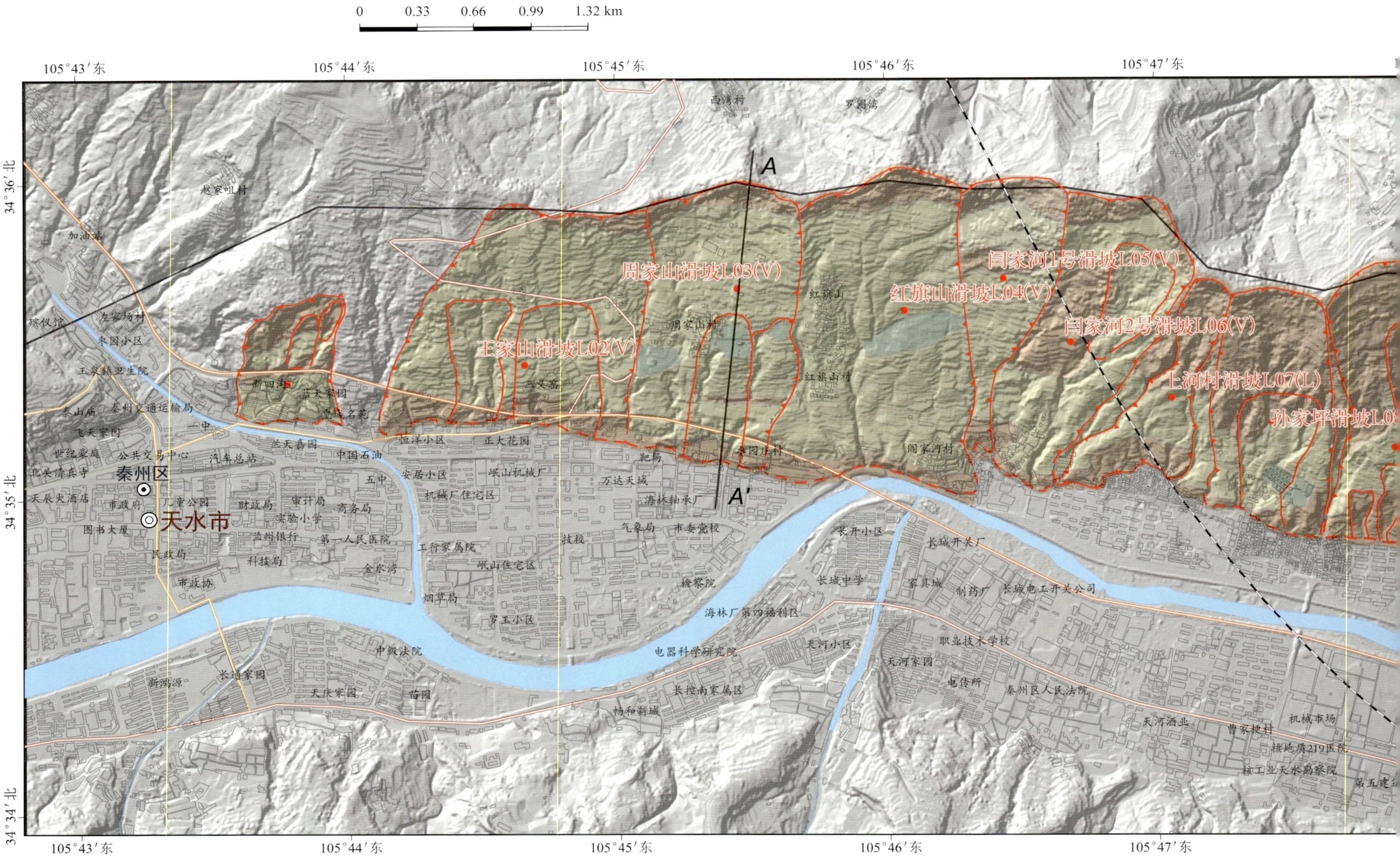

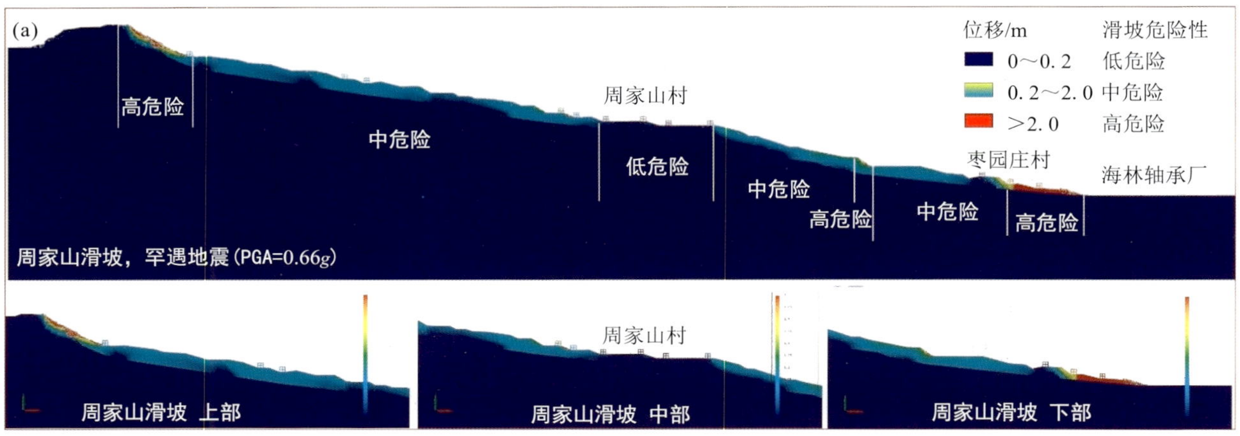

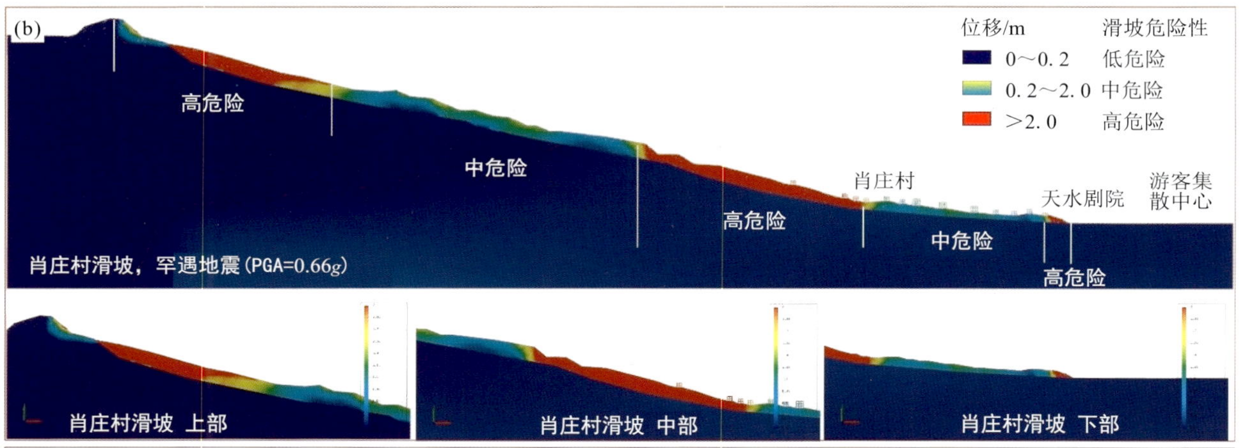

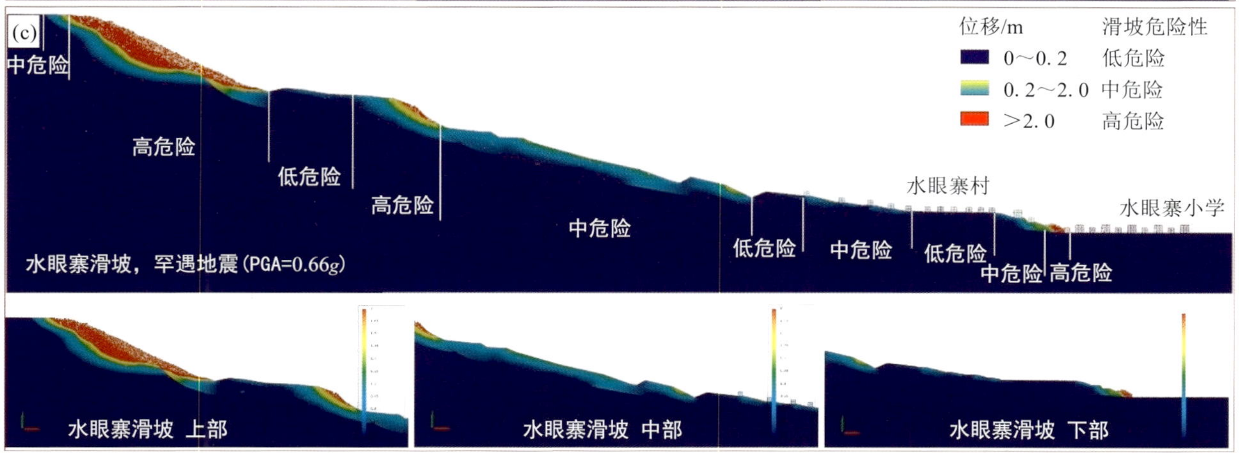

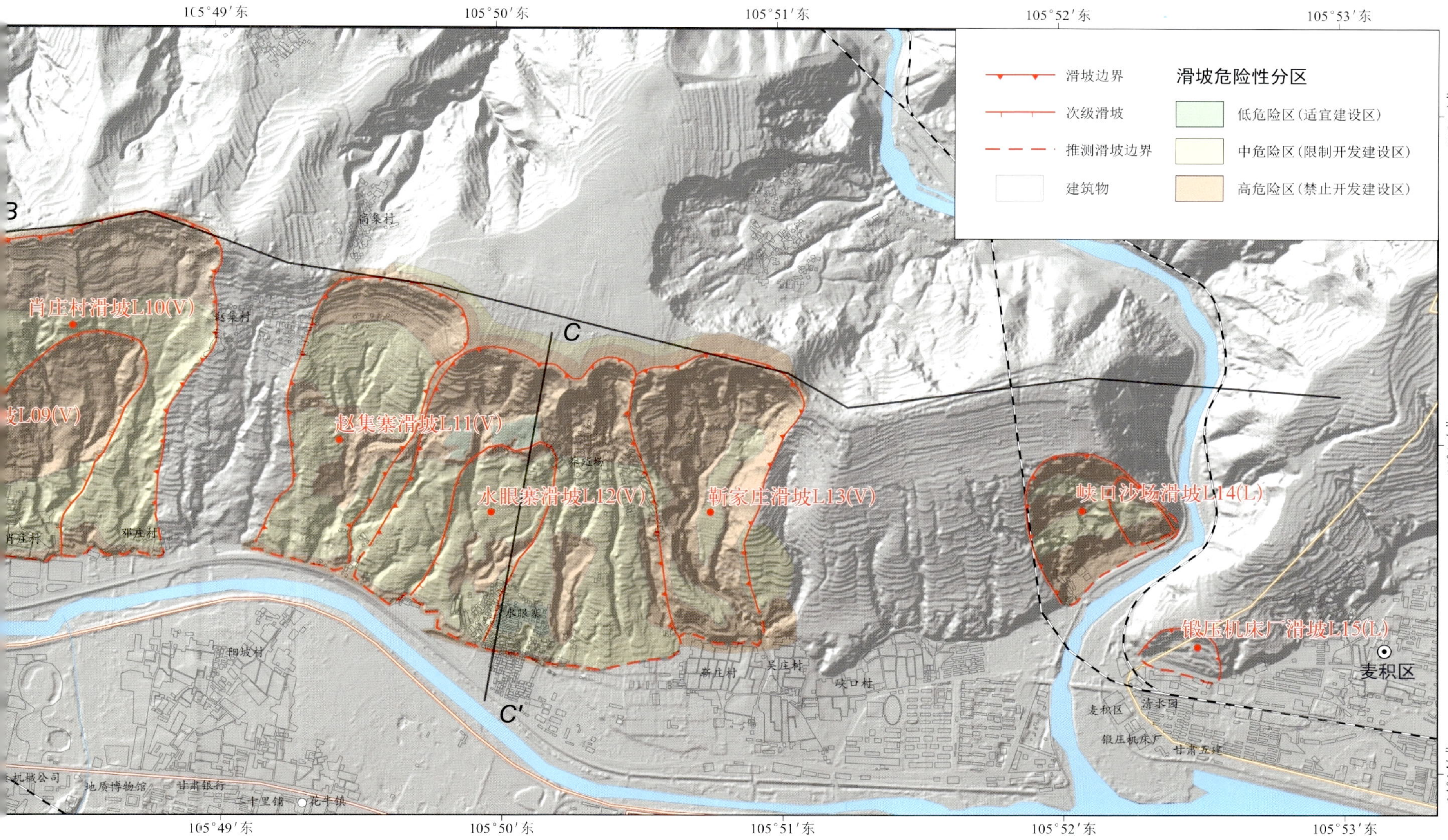

1. 罕遇地震条件下天水北山典型滑坡失稳及运动堆积范围模拟

依据天水市三种超越概率水平下一般场地水平地震动峰值加速度（peak ground acceleration，PGA）区划成果，罕遇地震条件下（50年超越概率2%）天水北山一般场地PGA近似取值为0.66g，利用块体离散元数值方法模拟了西段（皇城村—闫家河村）、中段（闫家河村—赵集村）、东段（赵集村—峡口村）三类典型滑坡在罕遇地震条件下的变形破坏和运动堆积范围。结果表明：

西段周家山滑坡，滑坡冠部黄土层在地震持续5s后发生震裂解体，随后出现抛掷垮塌，地震结束后滑距约134 m，滑体堆积体等效摩擦角为23°，坡脚处出现复活滑移，滑距约30 m，且坡脚150 m范围内建筑物出现倾斜变形及倒塌。此外，坡体中下部一大型人工切坡处及国道310路堑等倾角大于35°的切坡区域也发生了明显滑动。坡体其余部位表面倾角一般小于10°，基本未发生变形。

中段肖庄村滑坡，滑坡后壁黄土层在地震持续7s后发生震裂解体，随后出现局部垮塌；上部滑体虽然地表坡度较平缓，但由于滑面倾角较大，约为15°，所以出现整体的滑移，变形量超过2 m；滑坡中下部也因滑面坡度较大而出现整体向下滑移的现象，但受制于下部近平缓滑体的阻碍，其变形量逐渐减小；滑坡下部滑面近水平，整体较稳定，只在坡脚具有较好临空面的部位产生了小范围滑移，滑移距离约5 m，坡脚30 m范围内的建筑物出现倾斜变形但未倒塌。坡体其他部位均出现不同程度的变形，但整体变形量一般小于2 m。

东段水眼寨滑坡，滑坡冠部厚层黄土层在地震持续3s后开始发生震裂解体，随后出现抛掷、高速滑动和沿程铲刮现象，水平速度最大约为8 m/s，地震结束后滑距约342 m，黄土堆积体等效摩擦角约为21°；此外坡体中上部一自然陡坡处出现了震裂解体，但未发生大规模的滑动；坡体下部水眼寨村坡体变形量小于0.8 m；坡脚处因具有优势临空面，出现复活滑移，滑距约为5 m，坡脚处30 m范围内建筑物倒塌。坡体其他部位出现不同程度的变形，但整体变形量一般小于2 m。

2. 罕遇地震条件下天水北山滑坡危险性及建设用地适宜性分区

在罕遇地震条件下天水北山滑坡失稳及运动堆积范围模拟的基础上，将滑坡位移（D）作为分级标准，将滑坡危险性划分为高危险（$D > 2.0$ m）、中危险（2.0 m $\geqslant D \geqslant$ 0.2 m）和低危险（$D <$ 0.2 m）三个等级；同时根据模拟结果，统计分析滑坡后缘，坡体及滑坡前缘的变形、位移随后缘高程、黄土厚度、滑面倾角和地形坡度的量化关系，利用工程地质综合类比法，综合确定了罕遇地震条件下天水北山滑坡群危险性分区。参照《地质灾害危险性评估规范》（GB/T 40112—2021）和《城乡建设用地适应性评价技术规程》（DB50/T 475—2012）有关要求，结合实际将低危险区划定为适宜建设区，中危险区划定为限制开发建设区，高危险区划定为禁止开发建设区。

分析天水北山斜坡带用地现状，显示尚有部分村庄、休闲疗养区、高层住宅区和天巉公路处于限制开发建设区和禁止开发建设区内。参照《建设用地地质灾害危险性评估技术要求》（DZ 0245—2004），结合滑坡危险性分区成果及当地防灾减灾现状，提出地质灾害风险管控及用地规划初步建议：

（1）位于滑坡高陡后壁下部及坡体中上部禁止开发建设区的已有建筑物（农户个体养殖场、果园及苗圃临时建筑等），建议采取搬迁避让措施。对于短期内难以搬迁避让的建筑（如云光寺），建议采取工程治理措施与监测预警相结合的减灾手段降低灾害风险。

（2）位于滑坡前缘禁止开发建设区的已有居民建筑，如新四沟村、三义窑村、枣园庄村、闫家河村、伊桂園山庄、县家路村、水眼寨村等，建议首先对坡脚临空面采取抗震加固措施提高其稳定性，其次进行监测预警，同时对于砖木和土木结构房屋采取搬迁避让措施，对于其他短期内难以搬迁避让的建筑，制定中长期的搬迁计划进行有序避让。

（3）位于限制开发建设区的建筑物，建议采取结构加固措施提高其抗震和抗冲击性能。

（4）位于限制开发建设区和禁止开发建设区内的天巉公路区段，建议加强对路堑边坡的防护措施。

（5）位于限制开发建设区的未来规划建设活动以生态保护为主，如修建生态步道、森林公园、园林培育基地等，逐步恢复山地生态环境。